木原　伸浩
天野　　力
川本　達也
平田　善則
森　　和亮

化学の魅力 II
大学で何を学ぶか

●目　次●

プロローグ ……………………………………………………… (2)
第1章　魂はどこにある？………………………… 木原伸浩 (5)
第2章　化学と生活、化学と知…………………… 天野　力 (21)
第3章　多才な金属錯体の世界…………………… 川本達也 (33)
第4章　量子化学入門に備えて…………………… 平田善則 (49)
第5章　磁石が教えてくれた新物質……………… 森　和亮 (61)

御茶の水書房

Prologue

プロローグ

　2009年、神奈川大学　湘南ひらつかキャンパスは開設から20年が経ち、理学部化学科も創設20周年を迎えた。そこで、以前から話題に上ってはいたが、実現していなかった、新入生、さらには高校生を対象としたテキストの刊行を企画した。その目的は、化学の魅力を広く伝えたい、さらに、高校までには考えられなかったであろう、化学の広範な広がりを知ってもらおう、とするところにある。また、これから化学を専門として学修を始める、多くの新入生にとっても役立つことを希望している。こうした企画は「神奈川大学入門テキストシリーズ」の主旨とも合致する。

　具体的には、化学科の全教員が分担執筆することとし、本篇は第二分冊であるが、続編の刊行も予定しており、さらなる発展のきっかけとなることを願っている。内容は、化学科で開講され、理学部の全学科、文化系学部にも提供されている「物質科学の世界」、あるいは最近の公開講座、模擬授業を基本としたものが多いと思われる。いずれにしても各教員の日常の講義、研究に根差したものである。もしかすると、高校時代には化学とは思っていなかったようなものもあると思うが、化学の魅力を伝えるには打って付けであろう。今後、授業での使用も考えており、システマティックな初年次教育に資することも期待している。

プロローグ

　物質を扱う学問分野は化学に限らず、多数のものがあるが、化学の第一の特徴は化学反応により、新しい化合物を創り出し、その性質を調べるところにある。したがって、化学は他の分野に新規化合物を提供する、逆に、他から特異な物質に関する知見を得る等、多くの境界領域を持つとともに、物質にかかわる研究、生産の中心的役割を果たしている。高校で学んだ化学には、いく分暗記モノの部分があったかも知れないが、現代の化学はそのようなものではなく、創造的能力、論理的な思考力が強く求められている。覚えるのではなく創意工夫する、知識より応用の利く知恵が大切である。

　本書には化学にかかわる、広範な内容が含まれる。境界領域を拡げることは学問の発展に欠くことができないことであり、化学もそのようにして発展してきたし、この部分に多くの興味深い事柄が含まれる。本書はこうした化学の広がりの大きさ、多様性に気付いてもらうための啓蒙書であり、新しい化学を志す者への入門書である。化学の研究現場の雰囲気、新しい化学のフレイバーを嗅ぎ取ってもらえれば十分であるし、これから化学を勉強しようとする諸君にとっては、学修意欲を高めるとともに、どのように学んでいくかの指針、転ばぬ先の杖ともなり得る。入門書とはいえ、学問の常として、容易には理解し難い部分もあると思うが、そのようなところも順を追って、じっくり読み進めてほしい。

Part 1

第1章
魂はどこにある？

木原 伸浩

1 魂の努力

　今、私は生きています。私が生きているということは、私は魂を持っている、ということなのでしょう。魂が何なのか、私たちは知りません。それは、魂の中には「心」という私たちにはよく分からないものがあるからです。しかし、「心」のことさえ別にしておけば、魂の性質そのものは分かります。魂がどのような働きをするものなのか、考えてみましょう。

　さて、私がついうっかり感電して、死んでしまったとしましょう。感電ですから、私の体の中の分子は死ぬ前から何一つ変化していません。でも、死んでしまったのですから、私は魂を失った、ということです。物質としては何一つ変わっていないのに、魂を失ったわけですから、魂は物質ではないことが分かります。では、魂とは何でしょう？　私の魂はどこに行ってしまったのでしょう？

　その疑問に答えるために、魂がどんな働きをしていたのかを考えてみましょう。幸い、ここには魂を失った私の体があります。魂が無く

なった私の体で何が起こるのかを観察すれば、魂とはどういう働きをするものか、分かります。魂を失った直後、私の体の中にある臓器や細胞や分子は死ぬ前と全く同じです。しかし、臓器を働かせるための血液や筋肉はもう動きませんので、臓器はもはや働くことはできません。一方、細胞や分子は血液や筋肉がなくても働きますので、その場で自分の働きを全うしようとします。白血球はバイキンをやっつけようとし、消化酵素は食べ物を消化しようとします。しかし、やがてそれぞれの動きは破綻していきます。体の温度が下がるにしたがって白血球は働けなくなります。消化酵素は分解してしまったり私の体そのものを消化したりするようになりますが、それを止めるものはもはやありません。

　私が生きている間、私が腐ることはありませんでした。それは、私の体にバイキンやカビが侵入してきても、それを攻撃して殺してしまう免疫というシステムが働いていたからです。白血球はそのシステムの重要な一員でした。先ほど述べたように、私が死んだ直後にこの免疫システムが止まってしまうわけではありません。しかし、徐々に免疫システムは手駒を失っていき、私の体はバイキンやカビの攻撃に抵抗できなくなります。腐るわけです。

　一見、魂を失ったことによって私の体にいろいろな変化が起こったように見えます。亡くなった方に「変わり果てた姿になって」と言うことがあるのは、死が私たちの体に大きな変化をもたらすと考えるからです。しかし、本当はそうではないのです。魂が心臓を動かし続け、体の温度を保ち続け、消化酵素を供給し続け、免疫システムを動かしてバイキンやカビを撃退し続け、そして私は生きていました。魂は私の体を一定の状態に保つために奮闘していたのです。私は一定の形を保っていましたから、魂は何もしていないように見えるのですが、そうではなかったのです。魂を失うことで私の体に何かが起こったわけではありません。魂の働きが消え、何も起こらなくなっただけなのです。その結果、私の体は崩壊してしまいます。

このように、一定の形を保つために努力しなければならないというのは生き物の特徴です。そして、その努力をするものが魂です。あるいは、その努力のことを魂といいます。

2　魂の働き

　私たちの体を一定に保つために、魂は何をしなければならないでしょうか。私たちの体は、水のような単純な化合物から、タンパク質のように複雑な化合物まで、様々な化合物でできています。それぞれの化合物には体の中で重要な働きがあります。あってもなくてもいいような化合物は私たちの体の中にはまずありません。
　私たちの体は毎日変化しないように見えます。しかし、それは、私たちの体を作る化合物が変わらないということではありません。私たちの体を作る化合物は順に分解され、排出されていきます。それは、私たちの体の、どの化合物でも変わりません。一方、ご飯を食べると、私たちの体はご飯をその成分に分解します。そして、その成分から私たちの体は再び作られるのです。
　同じ化合物を一方では分解して捨て、一方では食べ物から合成して、入れ替えていって結局変わらない（ように見える）。無駄なことをしているように見えますが、それが生きているということです。魂の働きの1つは、このような化合物の入れ替えを行なうことです。
　久しぶりに会った友達に「変わらないね」とあいさつをすることがあるでしょう。ところが、もし私たちが体を作る分子に印をつけることができるのであれば、変わらないどころか、まるっきり入れ替わっていることに驚くことでしょう。前に会った時に友達の体を作っていた分子で残っている分子はほとんどないわけですから、同じ人間であるとは分からなくてもおかしくはないのです。ところが、私たちの外見はほとんど変わりません。もちろん、年齢とともに少しずつ変化は

しますが、別人のようにはなりません。ですから、魂は、化合物の入れ替えを行なうだけではなく、入れ替えた化合物を正しい位置に置いていっているのです。

　体の中の化合物を正しい位置に置かなければならないのは、別に化合物の入れ替えの時だけではありません。

　例えば、私たちが筋肉を動かす時には、カルシウムイオンが働きますが、その時にカルシウムイオンがどこにあるかが重要です。筋肉の細胞の中で、カルシウムイオンはある「袋」の中にしまわれています。脳から神経を伝って「筋肉を動かせ」という指令が来ると、この袋からカルシウムイオンが放出され、それによって筋肉は収縮します。筋肉は収縮したままでは困りますから、放出されたカルシウムイオンはすぐに袋に回収され、筋肉は元に戻ります。カルシウムイオンを袋から出し入れすることで、筋肉は動くのです。

　あるいは、私たちは、臭いを嗅ぐことで様々な情報を得ています。鼻が利かないと味もよく感じられません。ガス漏れは極微量の臭気成分で検知できます。これは、私たちのご先祖様が夜行性の小動物で、視覚があまり頼りにならなかった時代の名残です。臭覚は、鼻にある臭細胞という特殊な細胞で感じます。ここで、1つの臭細胞にはある特定の臭い関知物質が1種類だけ配置されています。臭い関知物質は何百種類もありますが、臭細胞は、その中にどの臭い関知物質を含むのかに応じて分類できるということになります。そして、それぞれの臭細胞からは1本ずつの神経が出て脳につながっています。もしこの神経が脳にバラバラにつながっていると、臭い関知物質がどれだけあろうとも、脳には臭いの感覚がバラバラに入るだけですから、私たちは臭いを区別することはできないでしょう。しかし、実際には同じ臭い関知物質を含む臭細胞からは、脳の同じ領域に神経がつながっています。そのため、同じ臭いは常に脳の特定の領域で関知されることになり、私たちは臭いのパターンを認識することができます。ここで何が起きているかというと、脳から伸びてきた神経は、臭細胞のどの細

胞につながらなければならないのか、ちゃんと知っているのです。正しい細胞につながらなければ、臭覚はめちゃめちゃになってしまいます。

　正しい位置に正しい化合物が置かれることによって私たちの体には秩序ができます。生きているということはこの秩序を保つことであり、それが魂の重要な働きです。魂は私たちの体の中の分子を正しい位置に置くことによって、心臓を動かし、体の温度を保ち、消化酵素を供給し、免疫システムを動かしています。魂が失われるということは、分子が正しい位置に置かれなくなるということであり、秩序は崩れます。では、どうやって魂は分子を正しい位置に置くのでしょうか。そして、秩序はどのようにして生まれるのでしょうか。

3　魂の第一の横顔——分子間相互作用——

　酸と塩基を混ぜると塩ができます。これは、酸の立場からすれば、塩基が必ず近くに来るということであり、塩基の立場からすれば、酸が寄ってくるということです。酸に対して酸が近寄ることはありません。反発力が働くという意味ではなく、酸と酸の間には何の力も働かないからです。酸は単に酸を無視します。このように、ある特定の化合物の間には引きあう力が働きます。このような力を分子間相互作用といいます。酸と塩基の間の相互作用は酸–塩基相互作用と呼ばれます。相互作用がある化合物同士は近くに来ます。酸があれば、その隣には塩基が来る可能性が高く、酸がいる可能性は低いということになります。

　今、酸–塩基–酸——酸という化合物 **1** があったとしましょう（次ページ図1）。分かりやすくするために、酸は凸で、塩基は凹で、それぞれ表わすことにします。ここに、**2** から **17** の化合物を加えた時、**1** の隣に来るのはどれでしょう。

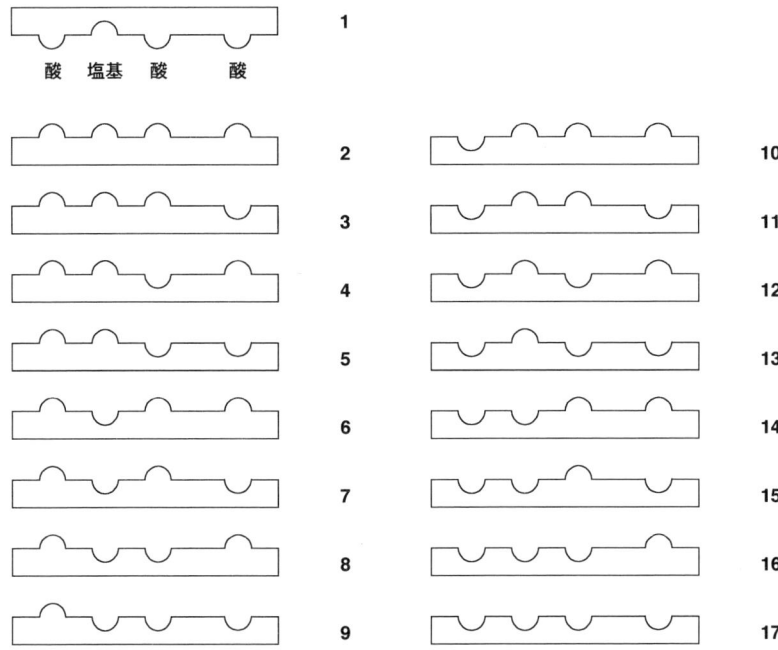

図1 分子間相互作用で対になるものは非常に限られる

　1と本当に引き合うためには、塩基の部分と酸の部分が1の酸の部分と塩基の部分とそれぞれ対応するような化合物である必要があります。2から17のなかで、1と酸と塩基の部分がきちんと対になるのは13だけです。したがって、1に2から17の化合物を加えた時、1の隣に来るのは13だけということになります。このように、分子と分子の間に力が働く時には、その力が最も強くなるもの同士が集まってくることになります。その結果、非常に多くの化合物があっても、その中の特定の化合物に対してだけ、選択的に力が働くという現象が見られます。

　このような分子間相互作用は酸-塩基相互作用だけではありません。水のような極性分子に働く水素結合、水と油を分ける力である疎水相互作用などがあります。このような複数の分子間相互作用が複合的に

働く結果、私たちの体の中のいずれの化合物も、どこにでも居られるということはなくなります。常に、自分との分子間相互作用が最大になるような化合物の近傍に移り住んでいくことになるのです。すなわち、私たちの体の中の化合物は、自分がどの分子の隣にいるべきかを自分自身が自動的に判断しているのです。

　このような、分子間相互作用による化合物の選別は、多くの場面で見られますが、臭覚はその典型的な例となります。空気中の臭い分子は、臭細胞の中にある臭い関知物質と相互作用をしますが、どの臭い関知物質とも相互作用をするわけではありません。臭い関知物質は様々な相互作用がきちんと対応する臭い分子とだけ強く相互作用をし、信号を発します。相互作用が合わない臭い分子に対しては黙ったままです。ある臭い分子がどの臭い関知物質と相互作用をするのか、そのパターンが臭いとして感じられるのです。このような、分子によって分子が選ばれる現象を分子認識といいます。

　分子認識は魂の働きそのものです。私たちの体の中にある化合物は、どれでも分子認識によって自分の置かれるべき正しい位置に自ら置かれるのです。魂は、分子を正しい位置に置くのではありません。分子は、自らの構造によって自分が置かれる位置を知っており、自らを正しい位置におくのです。魂が分子を正しい位置に置く作用であるなら、分子間相互作用が魂であるということができるでしょう。

4　魂の第二の横顔——エントロピー——

　高いところにおいてあるものは転げ落ちますが、低いところにあるものが転げ上がることはありません。どうしてでしょう？　それは、エネルギーは常に低くなろうとするからです。高いところにある物体は放っておけば位置エネルギーを失おうとします。低いところにある物体には、わざわざエネルギーを与えてやらなければ位置エネルギー

の高い状態にはなりません。

　魂の重要な働きは、秩序を保つことです。魂が失われると秩序は崩れ、体は崩壊していきます。放っておけばエネルギーが低くなる、ということが一般的に言えるのであれば、魂によって秩序が保たれている状態の方がエネルギーが高く、魂が無くなるとその秩序が失われて、エネルギーが下がっていくと見ることができます。

　秩序はエネルギーなのでしょうか？　その通りです。部屋は放っておけば散らかってきます。それは、散らかっている状態の方がエネルギーが低いからです。散らかっている部屋を片づけて秩序を回復するのにはエネルギーが必要です。エネルギーは常に低くなろうとするので、放っておけば部屋は散らかります。勝手に片づくことはありません。

　秩序とは、束縛された状態であるということもできます。束縛された状態はエネルギーが高いのでしょうか？　その通りです。私は牢屋に入りたくはありません。もし私が牢屋に居て、扉の鍵が空いていたなら、私はすぐに脱獄するでしょう。逆に、いくら牢屋の扉が開いていても、わざわざ牢屋に入ろうとする人はいません。理由は明確です。牢屋に入っている状態のエネルギーが高いからです。エネルギーは常に低くなろうとするので、私は牢屋から出ようとし、自由を獲得するとエネルギーが低くなります。

　秩序が持っているエネルギーのことをエントロピーといいます。エントロピーは石油や電気のような実体のあるエネルギーではないのでエネルギーとして実感しにくいのですが、私たちの世界を理解する上で重要なエネルギーの成分です。片づいた部屋や牢屋に入っている私はエントロピーとして高いエネルギーを持っており、部屋が乱雑になったり、牢屋から脱獄したりすることによってそのエネルギーを開放するのです。

　私たちの体の中で、分子同士が分子間相互作用によって自分のいるべき場所に収まっているという状態は最高に秩序立った状態です。こ

れは、エントロピーとしてエネルギーが非常に高い状態にあるということを意味します。ですから、私たちの体は常にその秩序状態を失い、崩壊しようとする力にさらされていることになります。魂の重要な働きは、この力にあらがい、秩序を保ち、エントロピーとしてエネルギーが高い状態を維持することにあるのです。

　魂が無くなりますと、エントロピーのエネルギーを低くしよう、秩序を崩してバラバラになろうとする力を止めることはできなくなります。心臓を動かし、体の温度を保ち、消化酵素を供給し、免疫システムを動かすためには、私たちの体を作るあらゆる化合物は正しい位置で働く必要があります。しかし、魂が失われると、私たちの体を作る化合物は散逸を始め、そして、化合物の間の共同効果は働かなくなっていきます。魂を失った直後にはまだそれぞれの化合物は分子間相互作用によってその化合物がいるべき場所にいます。そのため、魂を失っても、体の部分部分を見れば生命活動も営まれています。しかし、エントロピーのエネルギーを高く保とうとする魂の努力が放棄されると、それぞれの化合物は分子間相互作用のくびきを逃れ、1分子1分子と自由を獲得していきます。その結果、化合物同士の共同作業は働かなくなっていき、生命活動が止まっていくのです。

　では、魂はどのようにして秩序の崩壊を食い止めているのでしょう。ここで思い出していただきたいのは、最初の方に述べたように、私たちの体を作る化合物は常に入れ替わっているということです。これは、私たちの体は崩壊するのと同じ速度で作られている、ということです。つまり、魂は崩壊を食い止めているのではないのです。魂は、食事から得た材料で崩壊によって失われた化合物を作り出し、供給し続けることによって私たちの体を維持しています。生きるとはそういうことです。

　エントロピーのエネルギーは私たちの体から、それを構成する分子をはぎ取ろう、それによって秩序を失わせよう、とします。それに対抗して、魂は失われた部品を提供して秩序を回復しようとします。し

かし、もし私たちの体が機械のようなものであったなら、いくら部品を供給しても、魂にはそれを組み立てる脳みそも手もありませんから、魂は部品を正しい位置に置くことはできず、故障を修理することはできないでしょう。しかし、私たちの体を作る部品は機械ではありません。私たちの体を作る部品は、分子間相互作用をもつ化合物であり、自らが自らを正しい位置に置くことができるのです。

　失われた化合物を供給し、分子間相互作用で正しい位置に置き、体の化合物を常に更新し続けることで私たちの体をエントロピーのエネルギーの高い状態に保ち続けること。それが魂の働きです。

5　分子間相互作用とはどのようなものか

　私たちの体を作る化合物は分子間相互作用によって自分のいるべき位置を知っていることを見てきました。では、そのような分子間相互作用は、生き物の体を作る何か特殊な化合物だけに見られるものなのでしょうか。

　私たちの体を作っているのは、複雑かもしれませんが、極く普通の原子（炭素、水素、酸素、窒素など）でできた化合物です。これらの原子が、化合物の中である特定の並び方をすると、分子間相互作用が働くようになります。

　例えば、先に述べたように、酸と塩基との間には酸-塩基相互作用が働き、酸と塩基は互いに引きあいます。図2には典型的なカルボン酸とアミンの間の酸-塩基相互作用の様子を示しています。カルボン酸の水素は酸性の中心で、アミンの窒素は塩基性の中心です。その間に相互作用が働きます。

　図2には水素結合相互作用の様子も示しています。水素結合相互作用というのは、酸素や窒素に結合した水素と、別な分子の酸素や窒素との間に働く相互作用です。最も単純なものは、水やアルコール同士

図2　分子間相互作用の例

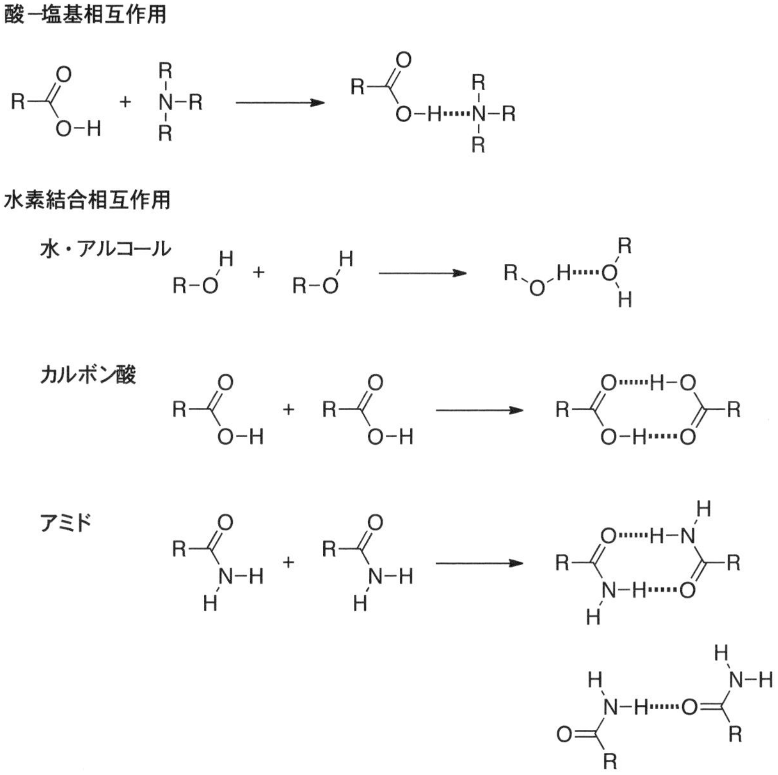

酸－塩基相互作用

水素結合相互作用

水・アルコール

カルボン酸

アミド

　の間に働く水素結合相互作用です。水やアルコールでは、水素結合相互作用が働くために、水素結合相互作用を持たない化合物とは大きく異なる性質を示します。例えば、水が塩類をよく溶かすのも、水と油が混じりあわないのも、水が水素結合相互作用をするためです。

　カルボン酸でも水素結合相互作用が働きます。カルボン酸が水やアルコールと違うのは、C＝Oという部分構造をもっていることです。そのために、水やアルコールが作る単純な水素結合とは異なり、カルボン酸は互いに向かい合って二量体を作るような水素結合相互作用をします。

カルボン酸は酸-塩基相互作用にも参加することに注意しましょう。カルボン酸はカルボン酸自身とだけ相互作用するわけではなく、アミンとも相互作用をすることができるわけです。また、水やアルコールと水素結合相互作用することも可能です。それではカルボン酸がどのような化合物とも見境なく相互作用をするのかといえば、そのようなことはありません。どのような化合物でもその分子には形があります。その分子の形が相互作用をするのに適していなければ、相互作用はできません。右足用の靴には左足が入らないのと同じです。

　カルボン酸に似ていますが、カルボン酸の酸素の代わりに窒素を持つアミドではさらに複雑な水素結合相互作用が可能です。アミドの場合もカルボン酸と同じように互いに向かい合って二量体を作るような水素結合相互作用も可能です。しかし、アミドの場合、窒素の上にはもう1個の水素があり、こちらも水素結合相互作用をすることができます。こちらの水素が水素結合相互作用をする場合、環状になることはできませんので、直線状に並ぶような水素結合相互作用をすることになります。

　アミドは、私たちの体の中で重要な働きをしているタンパク質の基本構造です。タンパク質の分子の中で、アミド同士が水素結合相互作用をすることによって、タンパク質はそのタンパク質の分子構造で決まる特有の形をとるようになります。タンパク質の働きは、タンパク質がどのような形をしているかで決まります。したがって、アミドの水素結合相互作用はそのタンパク質の役割を決めているのです。

　私たちの体の中にある化合物の多くは、アミン、アルコール、カルボン酸、アミドなどの部分構造を持っています。それも、1つだけしか持たないことは珍しく、たいていは複数持ち合わせています。分子間相互作用は図2に示したものだけではなく、他にもたくさんの種類があります。私たちの体の中には様々な種類の化合物がありますが、化合物の持つ部分構造に応じた分子間相互作用を組み合わせ、また、分子の形にぴったりと相互作用が合うような分子を選ぶことによって、

どの化合物も、自分がどの化合物の隣にいるべきかを知ることができるのです。

6 分子間相互作用を利用する

　たとえ人工的に作り出した化合物であっても、例えばカルボン酸であるなら酸-塩基相互作用でも水素結合でも、私たちの体の中にある化合物と同じように分子間相互作用をします。毒や薬というのは、このような相互作用によって私たちの体の中の化合物に影響を及ぼすような物質のことです。毒と薬の違いは、その影響が私たちにとって都合が良いかどうか、という点にしかありません。ですから、薬も過ぎれば毒となるというのです。

　このような相互作用を利用すると、人工の化合物を利用して、私たちの体の中で行われているような働きを実現することができます。

　次ページの図3には、似た構造の分子の中から、特定の分子を選んで反応させる例を示しました。「反応場」という分子は、アミドと触媒（ある特定の反応をさせるための部分）をあわせ持ち、触媒の部分はアミドに対してある特定の位置に固定されています。ここに、A〜Cの三種類の分子を入れ、OHの部分を触媒によって反応させます。この時、A〜Cが持っているアミドは、「反応場」のアミドと水素結合相互作用をしながら反応をしていくことになります。そうすると、「反応場」のアミドと触媒との距離にOHの位置がぴったりと合うBが選択的に反応します。Aのアミドが「反応場」のアミドと水素結合相互作用をした時、AのOHは触媒の向こうに行ってしまいますので反応しません。逆に、Cのアミドが「反応場」のアミドと水素結合相互作用をした時には、CのOHは触媒に届きませんのでやはり反応しません。

　ここで、「反応場」にアミドが無い時のことを考えてみましょう。

図3　分子間相互作用を利用して特定の分子だけを反応させる

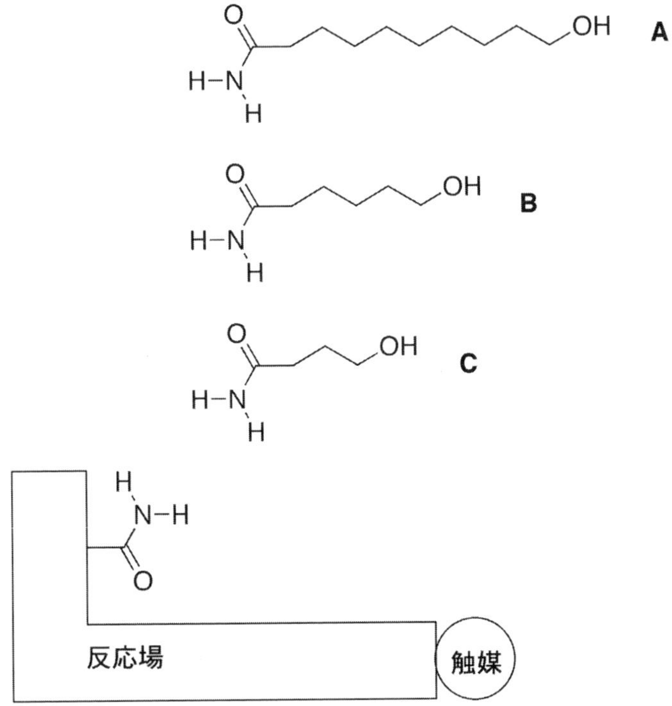

　触媒はAでもBでもCでも、その構造に関わりなくOHに近づくことができます。その結果、AもBもCも同じように反応します。分子間相互作用は特定の分子を選択的に反応させるために決定的に重要な役割をしているわけです。

　このように、「特定の分子を選んで選択的に反応する」というのは、私たちの体の中にある化合物の基本的で大事な特性です。このような選択性があるために、私たちは特定の化合物の臭いを識別することができ、多彩な味を感じることができるわけです。また、ある化合物が薬になるのは、その化合物が私たちの体のある特定の化合物と反応するからですし、別の化合物は私たちの体の別の化合物と反応し、別の薬あるいは毒となります。

7　魂はどこにある?

　化学の目標の一つは、人工的な化合物で、生命のような自律的なシステムを作り出すことです。人工化合物に魂を吹き込むことである、といってもいいでしょう。そのために、人工化合物にどのような能力を持たせなければならないかが様々に検討されてきました。

　人工的な化合物でも、分子間相互作用を利用すると、私たちの体の中にある化合物と同じような働きを実現できることがわかりました。では、この化合物は魂を持っているのでしょうか?

　魂が分子間相互作用だけに宿っているのなら、この化合物も魂を持っていることになります。しかし、それなら、単なる水も魂を持っていることになりましょう。分子間相互作用は魂が働くための基本的な部分ですが、それだけでは生きている、魂がある、ということにはなりません。分子間相互作用が働くだけなら、分子が集合してある塊を作るだけで、そこには動きや活動はないからです。

　動きや活動を保証するのは、エントロピーを利用して、分子間相互作用とのバランスをとることで、常に正しい分子を正しい場所に入れ替えていくシステムです。このシステムの働きが、代謝や繁殖といった生命に特有の働きとして現われてきます。ですから、人工化合物で生命のようなシステムを作るためには、エントロピーをコントロールできなければならないのです。

　しかし、石油や電気といったエネルギーと違い、エントロピーによるエネルギーはコントロールが非常に難しく、私たちはまだ人工化合物で魂の働きを十分に実現することはできません。科学は大変進歩しましたので、今では科学で分からないことはない、科学でできないことはないかのように思うかもしれません。しかし、それは幻想に過ぎません。「心」というきわめて難しい問題を別にしているにもかかわらず、魂の物質的な働きを、それがどのような仕組みで働いているか

がそれなりに分かっていても、人工化合物で再現できないのです。

　科学で魂の全てが分かることはないかもしれません。あるいは、分かるべきではないという考え方もあるでしょう。しかし、そこに謎があるなら知りたいと思うのも人間です。私たちの前には無限の謎があって、謎が解き明かされるたびに、それによって新しいもの、例えば人工生命、が生まれてきます。今はまだ魂の働きを人工化合物で再現することはできませんが、いつかはできるようになるでしょう。そしてそれを実現するのは魂を持つあなた自身であるかもしれないのです。なぜなら、知性にとって自分自身は最大の謎であり、自分自身について知りたいというのは知性の基本的な衝動だからです。私たちが魂に強く興味を引かれるのは、私たちが魂の宿った化合物でできているからです。魂の魅力は、化学の魅力でもあるのです。

Part 2

第2章
化学と生活、化学と知

天野　力

　大学には理学部と工学部がある。両方とも最終的には人間の幸福に資するという目的では同じであるが、出発点や方法は異なる。その違いを「生活と知」という言葉で表現した。化学が生活の改善と知の体系化にいかに関連しているかを単純な例により調べてみよう。

1　化学と生活

（1）金属の利用

　金属は多くの優れた特性を持つため昔から生活に欠くことのできない材料であった。現在、鉄はその高い強度を利用してビルの鉄骨や自動車の車体などとして、アルミニウムはその軽量性と耐食性を利用して窓枠やアルミ缶として役立っていることは周知であろう。

　[発見]　金属は全元素の約2/3、すなわち約60種類存在する。そのうち人類が最初に発見した金属は何であろうか？　それは金、銀、銅であった。これらの金属は何故最初に発見されたのだろうか？　それらは金属のまま天然に存在し、美しく光輝く性質により人の目を引き

つけたためであった。金はそのまま塊として、石英に混在した山金として、または砂に混じった砂金として発見された。同様に銀や銅も金属のまま発見された。それらは自然金、自然銀、自然銅と呼ばれる。

[選鉱] 山金や砂金から金を取り出すにはどうすれば良いだろうか？山金に含まれる金がつまめる程度の塊であれば、山金を粉砕して金のみを取り出すことができるかも知れない。金は砂よりもずっと重い（密度が高い）ので、砂金にそっと息を吹きかけると主に砂が飛んで残りには金が濃縮されるだろう。あるいは砂金を器に入れて水を注ぎかき混ぜると金は器の底に沈むので、砂を水とともにそっと流せば残りに金が濃縮される。このような操作を繰り返せば純金が得られるだろう。

[利用] このようにして得られた金、銀、銅はどのように生活の役に立ったのだろうか？ これらは貨幣金属と呼ばれることからわかるように貨幣として用いられた（貨幣がなかったらどんなに不便であろうか、想像してみよ）。また金や銀はネックレス、腕輪、指輪などの装飾品として（大昔から生活に美を与えよ）、また銅はやや硬いので器や武器として用いられたようだ。銅はその用途が広いにもかかわらず自然銅としての産出量は少ないため生活に不便を感じだした。

[冶金] 金属の鉱石から金属をつくる技術を冶金と呼ぶ。クジャク石（化学組成は $CuCO_3 \cdot Cu(OH)_2$）と呼ばれる緑色の石がその美しい色彩のため既に顔料として化粧や彩色に用いられていた。それを炭とともに熱すると金属銅が生じることが発見された。その偉大な発見はどのようにして行われたのだろうか？ それは意識的に行われたものでなく偶然の観察によるのであろう。ある時クジャク石を焚火の中に落としたか、クジャク石の鉱石の上で焚火をしたところ、既に知られていた銅の様なものが生じることに気がついたというところだろうか。銅は自然銅よりもクジャク石としてより多量に存在するので、この冶金により銅の利用が広がった（銅器時代）。化学の目で見ると、銅の炭酸塩や水酸化物が熱せられて酸化物に変化しその酸化物は炭素で還

元されること、が発見された。やがて発見される鉄は金属として天然には存在せず、ほとんど全て硫化物や酸化物として存在する。それら鉄の化合物も炭素で還元される。鉄は銅よりも硬いので武器としてはより優れていた（鉄器時代）。亜鉛、スズ、水銀の鉱物も炭素で還元される。

[合金]　2種以上の金属を混ぜると新しいより優れた性質をあらわすことがある。人類が最初に利用した合金は銅とスズ（錫）の合金である青銅であった。青銅は銅よりも硬いことと融点が低いという性質が好まれた（青銅器時代）。この合金はどのようにして発見されたのだろうか？　これも偶然であろう。ある土地のクジャク石は純粋でなくスズが含まれていたらしい。それを木炭で還元したので銅の代わりに青銅が生じたのだろう。

[めっき]　金は美しいが産出量が少ない。そこで金を節約しつつ利用したいと思うことは自然であろう。それが金めっき（鍍金と書く）である。物体の表面を薄い金で飾る技術としては金箔を張り付けるものがある。もう一つの技術がめっき（鍍金）である。現在では電気の力や化学的な還元により金属をモノの表面に沈殿させる。昔はそのような高度な技術は知られていなかった。水銀はいろいろな金属、特に金を溶かす性質がある。また金を溶かした水銀の合金を熱すると水銀が蒸発して金が残る。水銀は錬金術の時代に盛んに用いられた金属であるので、これらの性質はその時代に観察されたのであろう。金を溶かした水銀を刷毛でモノに塗りつけ、その後熱して水銀を蒸発させて金を物体の表面に残す方法によりめっきが行われたと考えられている。奈良の大仏はこの方法で金メッキがされたそうである。

[錬金術]　多量に存在する安価な物質から貴重な物質をつくれないかという考えは自然であろう。合成化学は同じ考えに基づく。金は美しいが産出量が少ないため、多量に産出する金属から金を作る試みが錬金術である。銅と亜鉛の合金である真鍮は黄色で金に似ていなくはない。中世の化学の進歩は錬金術に負っているといわれる。力学の創始

者ニュートンは晩年錬金術に凝っていたそうである。金が元素であることが確立されてから錬金術は不毛な試みとなった。見掛けが金に酷似した合金がつくられたので、それは準錬金術といえよう。20世紀になり原子核の人工変換（原子核の化学反応）が可能になり本当の錬金術が実現された。しかし製造コストが高すぎるので実用的ではない。

[電気精錬]　精錬は鉱石から金属を得るための技術一般であり、冶金とほぼ同様な意味を持つ。木炭（炭素）の還元力で銅、鉄、スズ、亜鉛、鉛などの金属は製造される。しかし、アルカリ金属やアルカリ土類金属などは酸素と強く結合しているため木炭では還元されない。電極の作用が発見されてそれらの金属が製造されるようになった（後述のカリウムとナトリウムの発見を参照）。電極は電子をため込んだ金属である。電子の含有量を変化させることで任意の強さの還元力を持たせることができる。電極の強力な還元力でアルカリ金属やアルカリ土類金属のイオンが還元されて金属が得られる。電極の作用により化合物から金属を製造する技術が電気精錬である。

(2) プラスチックと合成繊維の発明

　プラスチックは可塑性を意味する言葉である。可塑性は加圧や加熱などによりいろいろな形に整形できる性質である。望む形に成形でき、その形を保つことが生活に役立つ。可塑性を持つ合成高分子化合物をプラスチックと言う。繊維は糸のように細長く伸びる性質を持つ高分子化合物であり、合成繊維はその性質を持つ合成高分子化合物である。始まりは天然物の改良であった。

[エボナイト]　天然の高分子としては天然ゴムやコハク（琥珀）が古くから知られていたが、高分子であるということは知られていなかった。天然ゴムは消しゴムとして利用されたが、それは夏には熔け冬はひび割れてはなはだ不便なものであった。そこで天然ゴムを改良して使いやすくしようという考えが浮かぶ。アメリカ人グッドイヤーは種々の試みの末に単純な事実、天然ゴムに硫黄を混ぜて熱するとゴム

の性質が大いに改良されることを発見した（1851）。また天然ゴムに多量の硫黄を混ぜ、型に入れて熱すると黒色の硬い物質になることも発見した。これがエボナイトであり、成形できることと金属と異なり電気を通さないという性質から電気のソケットとして、また手触りの良さから万年筆、パイプなどとして用いられた。天然ゴムの高分子の鎖が硫黄により架橋されて硬化する。エボナイトは熱すると柔らかくなり可塑性を示す。自動車のタイヤの製造会社グッドイヤーは彼が起こした会社である。

[セルロイド]　ドイツ人シェーンバインは化学の力により木綿に絹の様な光沢を与えることができるかもしれないと考えた。硝酸や硫酸は強い化学作用を持つ。彼は木綿を硝酸と硫酸の混合液で処理するとニトロセルロースという燃えやすい物質に変化することを発見した。それは爆発の危険があり、綿火薬と名付けられた。イギリス人パークスはニトロセルロースにアルコールと樟脳を加え加熱して反応させると爆発の危険のない可塑性を持つ物質ができることを発見した（1855）。象牙は貴重な材料である。アメリカ人ハイアット兄弟は象牙で作られていた玉突きの玉の代用品をつくろうと考えた。彼らは苦心の末にパークスと同じ方法で可塑性を持つ物質を得ることに成功し（1869）、その製造を工業化した。それは木綿の主成分であるセルロースからつくられた物質であることからセルロイドと名付けられた。セルロイドを用いて眼鏡の枠、櫛、キューピーさんなど子供のおもちゃが作られた。セルロイドは燃えやすく危険であるため一時製造されなくなったが、非石油製品であり環境に適合しているので、近年は難燃化して再び使用されるようになってきた。

[ベークライト]　エボナイトやセルロイドは天然物の改良であるのに対して、ベークライトは最初の完全な合成プラスチックである。2種以上の物質を混ぜて熱すると新しい物質ができるだろうという考えは古い（前述の合金を参照）。ドイツ人バイエルは石炭酸（フェノール）とホルマリンを混ぜて加熱すると松脂の様な物質ができることを

発見した。それは一度固まると熱しても薬品を加えても融けない。これを彼はシェラックと呼んだが、利用法は考えつかなかった。ベークランドはシェラックの利用法を考えていた。彼はシェラックが固まらないうちにおがくずや糸屑を加えて型に入れ、加熱すると丈夫な物質ができることを発見した。彼はその製造を工業化して、製造品をベークライトと名付けた（1909）。当時は電気の利用が進みつつある時代であり、ベークライトは成形性に加えて、絶縁性から電気器具として、手触りのよさから食器などとして利用された。

[レーヨン]　レーヨンはセルロースを原料とする繊維の総称である。アメリカ人メイナールは硝酸と硫酸によるセルロースのニトロ化を中途でやめると爆発性のないエーテルとアルコールの混合液に溶けるニトロセルロースを発見した。その溶液を物体に塗り溶媒を蒸発させると透明なフィルムが得られた（フィルムをつくるためのキャスト法）。それを彼はコロジオンと命名して市販した。それは傷口の保護や写真の感光膜として用いられた。イギリス人スワンは電球のフィラメントとして用いられる繊維状の炭素物質を探していた。彼はコロジオンの氷酢酸溶液を小さな穴を通して凝固液に押し出すと糸状になることを発見した（1883）。この糸を彼は"人造絹糸"と呼んだ。フランス人シャルドンネは絹のような光沢のある繊維を人工的に作ろうと考えた。彼はスワンと同じくコロジオンから人造絹糸をつくることに成功した（1883）。この人造絹糸からつくられた繊維は燃えやすいのが欠点であった。後には木材を原料とするレーヨンもつくられた。

[ナイロン]　レーヨンは天然物の改良であるのに対して、ナイロンは完全な合成繊維である。アメリカ人カロザースはデュポン社でゴムや絹などの天然高分子に代わる合成高分子の製造を目指していた。彼の方法は有機化学の知識に基づき重合する可能性のある物質を片端から重合させて、その性質を調べるものであった。その過程で重合反応の知識が整理され系統化された。ある時一人の研究員が反応容器中に糸のように細く伸びる物質を発見した。これが合成繊維ナイロンの製造

の端緒となった。その後類似の物質に関する膨大なテストを繰り返し、ついにアジピン酸とヘキサメチレンジアミンからできるナイロン 6,6 として製品化された。これはアミド結合により重合したポリアミドである。

2 化学と知

(1) 元素

ギリシャの哲人たちは世界が極めて多様な物質で形作られているように見えるが、それらは少数の基本的な物質からできていると考えた。それらは火、土、水、空気であった。多様な世界が少数の基本的要素、元素の組み合わせでできているという考えは素晴らしい。

[定義] ギリシャ時代から錬金術の時代を通じて、元素という考えは素晴らしいものであったが、粗っぽい観察に基づいたあいまいなものであった。精密な実験と観察に基づいた元素の定義を与えたのはイギリス人ボイルである（1661）。彼は元素を2種以上の物質に分解されない物質、すなわち他の物質からはつくられない物質と定義した。

[カリウムとナトリウム] 機器の発明は元素の発見をはじめとする化学の発展を大いに進める。アルカリ金属元素のカリウムとナトリウムはイタリア人ボルタの発明になる電池（1800）により初めて単離された元素である。それらの元素は酸素と強く結合しているので、その酸素は木炭では取り除けない。すなわちカリウムとナトリウムの酸化物や水酸化物は炭素では還元されず、電池の強力な作用により始めて還元された元素である。ボイルの定義によればソーダ（水酸化ナトリウム）やカリ（水酸化カリウム）は当時の手段では分解できなかったので元素としなければならなかった。しかし、ラボアジエはそれらが未発見の元素の化合物であろうと推察していた。その根拠はそれらが中和により塩化物などに変化するというような観察や多くの物質が同じ

炎色反応を与えるなどの観察であろう。イギリス人デービーは電池を用いて物質の分解を研究していた。カリの飽和溶液の電気分解では酸素と水素が発生するだけであった。また白金のさじにカリを入れ電気を流して加熱するとカリは融解したが電流が流れずカリの分解は起こらなかった。しかし、カリがわずかの水分を含んでいると電流が流れ、カリは溶解し沸騰して陰極の白金上に水銀の様な金属の小球が生じることを観察した（1807）。彼はこの小球こそアルカリのもととなる元素カリウムであることを確信し種々の実験により確かめた。次に彼はソーダを電気分解して金属ナトリウムの単離に成功した（1807）。さらに彼は石灰（酸化カルシウム）、重土（酸化バリウムであり、バリタともいう）、ストロンチア（酸化ストロンチウム）、マグネシア（酸化マグネシウム）を電気分解してカルシウム、バリウム、ストロンチウム、マグネシウムを単離した。カリウムはドイツ語であり、カリはアラビア語の灰を意味する言葉に由来し、ウムは金属を表す接尾語である。英語名はポタシウム potassium であり、ポタシュ（炭酸カリウム）に由来する。炭酸カリウムは草木灰に水を加えて抽出した液をポットで煮詰めてつくられたので pot-ash と呼ばれた。ナトリウムはドイツ語で、ナトリはギリシャ語のナトロン（炭酸ナトリウム）に由来する。英語名はソディウム sodium であり、ソーダ（炭酸ナトリウム）に因んで名づけられた。

[ルビジウムとセシウム]　ルビジウムとセシウムは分光器により発見された元素である。炎色反応は18世紀以来化学の重要な手法であった。分光器によるスペクトルの研究は1800年頃から行われていた。ドイツ人キルヒホッフはかねてからスペクトルを研究していた。彼はスペクトルが元素に由来するという予想を得てそれを確かめたいと思った。ブンゼンを協力者に得た彼は炎色反応装置に分光器を連結した装置を考案して、物質が発する光の色を定量化（数値化）して精密に調べる分光分析法を確立した（1859）。これを用いて彼らは新元素の探索を開始した。彼らはナトリウムとカリウムは植物の灰から得られ

たのに対しリチウムは鉱物から得られたことに注目し、未知のアルカリ金属元素は鉱物や鉱泉中に発見されるだろうと予想した。彼らは鉱泉水からリチウムを除去した液のスペクトルを分析して、その中に未知の青色の輝線を見出した（1860）。彼らはそれが未知のアルカリ元素に由来するものであるとし、その元素をラテン語の青を意味するセシアスに因んでセシウムと名付けた。鉱泉水からはそれ以上新しい輝線は得られなかったので、次に彼らは鉱物を調べた。彼らは150 kgの紅雲母（ケイ酸塩鉱物の一種）を処理して得た化合物のスペクトルを分析して未知の元素による赤色の輝線を発見した（1861）。赤を意味するラテン語ルビダスに因んで彼らはその元素をルビジウムと名付けた。ヘリウム、クリプトン、キセノンも分光分析法により発見された希ガス元素である。

[アルゴン]　アルゴンは化学天秤と分光器により発見された元素である。プラウトの仮説「すべての元素の原子量は水素の原子量の整数倍であろう。」は美しい（1815）。イギリス人レイリーはこの仮説を確かめたいと思い、酸素の原子量を精密に再測定した（実際には酸素と水素の密度の比を測定した）結果、それが水素の原子量の16倍（15.882倍）であることを確かめた。次に彼は窒素の原子量を検討した。彼は3種類の方法で窒素をつくりそれらの原子量を測ったところ、アンモニアを還元してつくった窒素の原子量は大気から酸素、二酸化炭素、水蒸気を取り除いてつくった窒素のものよりも約1000分の5だけ小さいという結果を得た（1892）。測定を何度も繰り返した結果、測定値の信頼性に自信を持ったので、この結果は彼をひどく困惑させた。そこで彼はこの問題に対する答えを広く募集することにした。レイリーに大気からつくった窒素を研究する許しを得たイギリス人ラムゼーはそれが赤熱したマグネシウムに完全に吸収されるかどうかを調べたところ（窒素は赤熱したマグネシウムに完全に吸収されてMg_3N_2が生じる）、吸収されない気体が少し残った。その気体の密度は水素の19.086倍であった（水素は2原子分子であるのに対しアル

ゴンは単原子分子であるので、原子量は 38.172 になる。現在のアルゴンの原子量は 39.95 である)。レイリーとラムゼーはその気体はオゾンに似た窒素の同素体であろうと考えていた。しかしラムゼーがその光スペクトルを調べたところ未知の線スペクトルが得られた。彼らはさらに研究を進めてその残った気体が新元素であることを発見した (1894)。それが不活性な気体であるのでギリシャ語のなまけものを意味するアルゴンと呼んだ。新元素アルゴンをメンデレーフの周期表 (1869) のどの位置に置くべきだろうか？　当時は他の希ガス元素は知られていなかったが、彼らは原子量の値と化学的性質から電気的陰性の塩素と陽性のカリウムの間に置くべきであると考えた。アルゴンは最初に発見された希ガス元素であった。

[*ハフニウム*]　原子番号 72 の元素ハフニウムは X 線分析法と原子の量子理論により発見された元素である。イギリス人モーズリーの発明した X 線(可視光よりも波長がずっと短く目に見えない光)分析法は未知の元素の発見に対して強力な手段を与えた (1913)。何故なら、元素の原子番号と元素から発せられる X 線の波長の間に単純な関係があり、X 線の波長から原子番号を知ることができるからである(この方法は蛍光 X 線分析法として現在も使われている)。モーズリーは X 線スペクトルの測定結果から未発見の元素がいくつか存在することを予言した。他方、デンマーク人ボーアの発見した原子の量子論も未知の元素の発見に対して強力な手段を与えた (1913)。それは原子の構造(原子核を回る電子の規則的な運動)や原子から発せられる光の波長を説明し、元素の周期表を導くからである。モーズリーとユルバンは X 線分析法を用いて希土類(原子番号 57 のランタンから 71 番のルテチウムまでの 15 元素)鉱物を調べた結果弱い X 線を観測し、それを発する元素を 72 番元素セルチウムであるとした。X 線分析法は原理的には原子番号を与える方法であるが、スペクトルの解釈を間違えたことになる。その原因は新元素発見の名誉獲得を急ぎ過ぎたのかも知れない。一方、ボーアは彼のつくった原子構造の量子理論に基づい

てセルチウムは希土類鉱物から得られたので72番元素ではないと信じていた。彼の理論によると72番元素はその酸化数が+3ではなく+4でなければならず、ジルコニウム族に属さなければならないからである。彼はハンガリー人ヘベシーに72番元素をジルコニウム鉱石中に探すように示唆した。ヘベシーとコスターはジルコニウム鉱石をモーズレーの考案したX線分析法を用いて調べた結果、ボーアの予想通り72番元素を発見することができた（1923）。彼らはコペンハーゲンのラテン語名ハフニヤにちなんで新元素をハフニウムと名付けた。ボーアがコペンハーゲン大学教授であったことに因む。何故ハフニウムは長い間未発見であったのであろうか？　その理由はその化学的性質がジルコニウムのものと酷似していて、化学的に分離し難いためであった。

終わりに

「化学者は何をどのように研究すべきか？」という問いに答えられるようになれば化学の学生の勉学は成功したといえるであろう。科学の方法は実証することにあるので、その答えは「化学者は何をどのように研究してきたのか？」という歴史的な実例の中に求めるべきである。もしそれらの実例から得られた一般的な規則を化学の現状に適用して研究すべき対象や問題を選び出すことができれば著者のもくろみは成功といえるだろう。読めばわかるように書いたつもりであるが、本文中のわからなかった点をご指摘頂ければ幸いである。

文献
 1．渡辺　啓、竹内敬人、「読みきり化学史」、東京書籍（1987）。
 2．ウィークス、レスター（大沼正則監訳）、「元素発見の歴史」、朝倉書店

(1990)。

3．加藤周一編、「世界大百科辞典」、平凡社　(1990)。

Part 3

第3章
多才な金属錯体の世界

川本 達也

1　錯体化学とは

　「錯体化学」は金属錯体を研究する化学の分野のひとつであるが、実質的な歴史は 1893 年にスイスのアルフレッド・ウェルナーによって提唱された配位説に始まる。錯体は英語のコンプレックスの日本語訳である。その漢字「錯」は当時の錯体を表すものとして錯綜するなどよくわからない、複雑なものという意味から当てはめられた。今ではウェルナーの名を冠したウェルナー錯体とそれ以外の錯体に大別されるが、ウェルナー錯体は金属イオン（ルイス酸）に配位子（ルイス塩基）が配位したものであり、この概念からはみ出たものがそれ以外の錯体ということになる。ウェルナー錯体以外の代表的な錯体としては金属―炭素結合を有する有機金属錯体や金属―金属結合を含むクラスター化合物などがある。

　金属錯体を研究する上で、まず化学者を惹きつけたのは錯体のもつ多彩な色であろう（図1）。錯体が合成されはじめた頃は合成した化学者にちなんで命名されたが、次には色に基づいて命名された。たと

図1 錯体の色（左から [Co(en)$_3$]Cl$_3$（黄色）、cis-[CoCl$_2$(en)$_2$]Cl（すみれ色）、trans-[CoCl$_2$(en)$_2$]Cl（緑色）、en＝エチレンジアミン）

えば、[Co(NH$_3$)$_6$]Cl$_3$はルテオ（黄色）、cis-[CoCl$_2$(NH$_3$)$_4$]Clはビオレオ（すみれ色）、trans-[CoCl$_2$(NH$_3$)$_4$]Clはプラセオ（緑色）という具合である。18世紀の初期に製造されたプルシャンブルーなどは今でも物質として化学者を魅了し続けている。

2 生体に関連する金属錯体

(1) クロロフィル

光合成とは一般に太陽エネルギーを利用して炭酸ガスと水からブドウ糖と酸素を合成することである（式1）が、そこで重要な役割を果たしているものがクロロフィルである。

$$6H_2O + 6CO_2 \xrightarrow{\text{光}} C_6H_{12}O_6 + 6O_2 \qquad (\text{式}1)$$

クロロフィルはソーレー帯（400～500nm付近）やQ帯（500～700nm付近）と呼ばれる特徴的な吸収帯を可視領域にもち、光合成において光を収穫するアンテナ部として働いている。そのクロロフィルは4つのピロール環からなる環状構造の2価アニオンを配位子とする中性のマグネシウム(Ⅱ)錯体と見なすことができる。中心金属のマグネシウム(Ⅱ)イオンは4つの窒素原子の配位により4配位平面構造をとるとともに、その平面の上下からも新たな配位子が結合すること

図2 クロロフィルとポルフィリンの構造

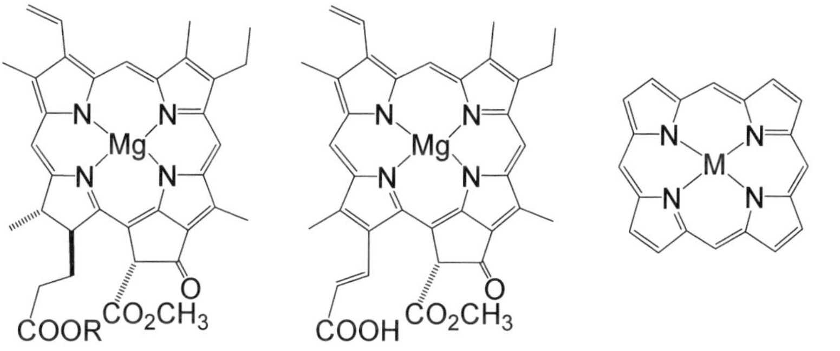

クロロフィル-a　　　クロロフィル-c　　　ポルフィリンの基本骨格

ができ、クロロフィルは一般的に5配位の金属錯体である。また、クロロフィルには、いくつか構造の異なるものが存在しており、その中でも特にπ共役系が完全なもの（クロロフィル-c）はポルフィリンと呼ばれる化合物群に含まれる（図2）。

（2）ヘモグロビン

　ヘモグロビンは私たちのような脊椎動物の赤血球中にあり酸素運搬の役割を果たしている。その際、酸素分子はヘムと呼ばれるポルフィリンに囲まれた鉄部位に結合する（図3）。デオキシ型と呼ばれる酸素分子が結合していない場合には、5番目の配位子としてヒスチジン残基のイミダゾール窒素が鉄イオンに配位しており、中心金属の鉄はヘム面からヒスチジン方向に浮き上がる。そのデオキシヘモグロビンは鉄（Ⅱ）錯体と見なすことができる。酸素分子はこの2価の鉄イオンに配位することができ、そして、オキシ型と呼ばれる6番目の配位子として酸素分子が結合した場合には、鉄は3価となりヘム平面内に入る。オキシヘモグロビンは鉄（Ⅲ）錯体（Fe(Ⅲ)-O_2^-）と見なせる。

　ヘモグロビンを真似た錯体（図4）が合成され、可逆的な酸素の脱着機能が実現された。単純なポルフィリン鉄錯体ではO_2にて2つの

図3 ヘモグロビンの活性部位の構造

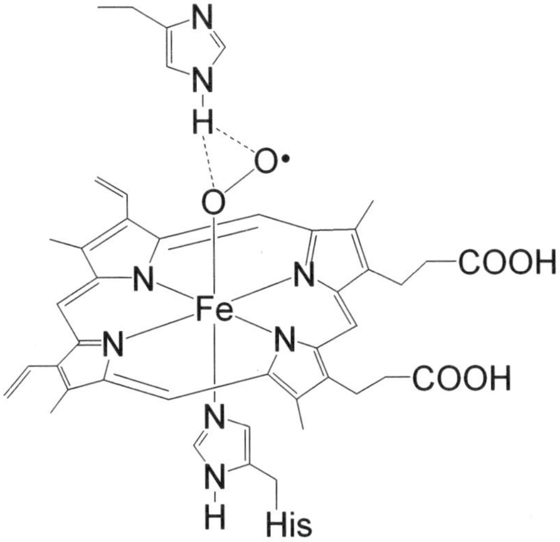

図4 モデル錯体であるピケットフェンスポルフィリン鉄錯体

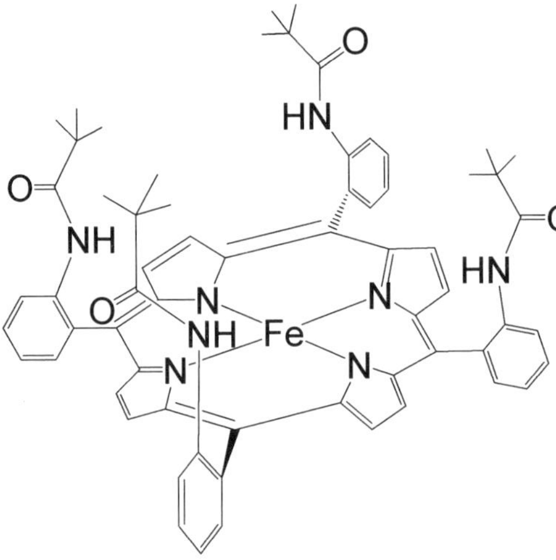

鉄が架橋され2量化するために不可逆酸化が起こる。この錯体ではかさ高い置換基を導入することでその2量化を防いでいる。

(3) ヘムエリスリン

ホシムシなどの海産無脊椎動物における酸素運搬の役割はヘムエリスリンというヘムを含まないタンパク質（非ヘムタンパク質）が担っている。酸素分子が結合していないデオキシヘムエリスリンの活性部位は2個の鉄イオンが1つのヒドロキソ基と2つのアミノ酸側鎖のカルボン酸イオンにより架橋された構造を有し二核の金属錯体と考えることができる。鉄イオンはいずれも2価であるが、配位環境は非対称的である。酸素分子はその5配位のほうの鉄に2電子還元されて結合し、鉄イオンは3価に酸化される（図5）。なお、このオキシヘムエリスリンはデオキシ型が無色であるのに対して赤色である。

図5　ヘムエリスリンの二核鉄中心の構造

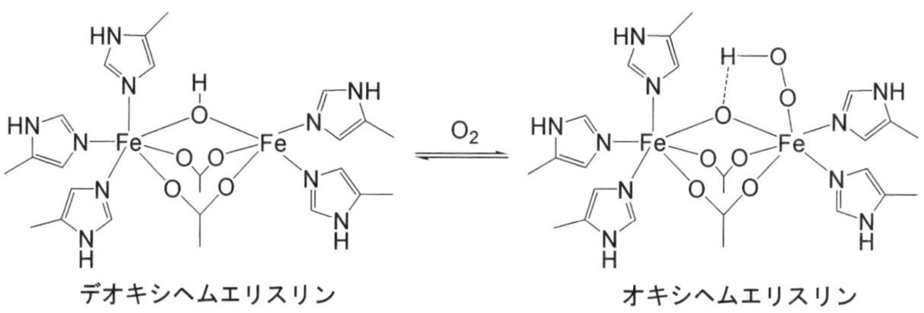

デオキシヘムエリスリン　　　　オキシヘムエリスリン

(4) ヘモシアニン

タコやイカなどの軟体動物やエビやカニなどの節足動物の酸素運搬を担っているのがヘモシアニンである。酸素分子が結合していないデオキシヘモシアニンの活性部位は2個の銅イオンからなるが、ヘムエリスリンの場合とは異なりそれらは架橋されていない。3つのヒスチジン側鎖のイミダゾール基がそれぞれの銅イオンに配位することで平面構造をとっており3配位平面型の銅(I)錯体と見なせる。一方、オ

図6 ヘモシアニンの二核銅中心の構造

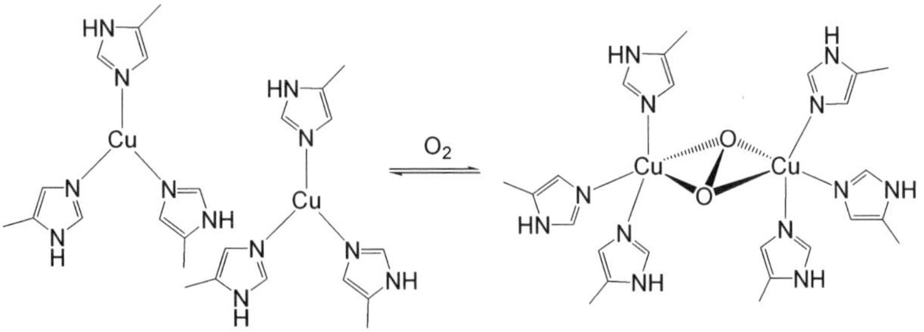

キシヘモシアニンでは銅は酸素と結合することで2価となり、銅まわりは四角錐に近い構造になる（図6）。デオキシヘモシアニンは無色であり、オキシヘモシアニンは名称とも関係する青色（シアン）である。

（5）シトクロム c 酸化酵素

酸素を還元してエネルギーを発生させる、いわゆる呼吸においてエンジンの役割を果たしているのがシトクロム c 酸化酵素である。具体的には、シトクロム c 酸化酵素はミトコンドリア内膜に存在し、$4H^+$ を消費して酸素を水にまで還元するとともに $4H^+$ を膜の内側から外側へ移動させる（式2）。

$$4e^- + O_2 + 8H^+_{in} \longrightarrow 2H_2O + 4H^+_{out} \qquad (式2)$$

シトクロム c 酸化酵素の活性部位は鉄-ポルフィリン錯体であるヘム（ヘム a_3）と3つのヒスチジン側鎖のイミダゾール基を配位子とする銅錯体（Cu_B）から成っている（図7）。そして、酸素分子はヘムの鉄と銅の間に結合する。

最近、シトクロム c 酸化酵素を真似た錯体（図8）が合成され、その機能が再現された。

図7 シトクロム c 酸化酵素の活性部位の X 線結晶構造（S. Yoshikawa et al., *Science*, 280, 1723 (1998).）

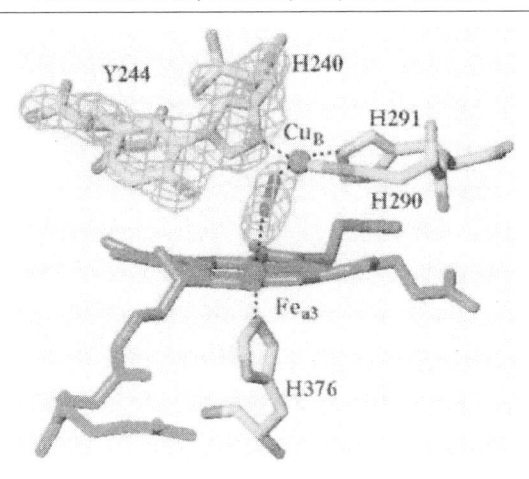

図8 シトクロム c 酸化酵素の人工モデル（J. P. Collman et al., *Science*, 315, 1565 (2007).）

3 物質としての金属錯体

(1) 顔料

金属錯体の特徴のひとつはその多彩な色である。その色に注目し顔料として最初に利用されたのは「プルシャンブルー」であろう。それは 18 世紀の初期にベルリンの絵具製造業者 Diesbach によって発見されたといわれている。1970 年代になって行われた X 線結晶解析に基づき、それは $Fe_4[Fe(CN)_6]_3 \cdot nH_2O$ と書き表され、シアン化物イオンの炭素原子で結合した 6 配位低スピンの鉄(Ⅱ)と窒素原子で結合した 6 配位高スピンの鉄(Ⅲ)からなる$-Fe(Ⅱ)-C-N-Fe(Ⅲ)-$部が次々と連結した構造を有しており、その結果、極端に不溶性である（図9）。色の原因は CN 基を介した鉄から隣の鉄への電荷移動によるものと考えられている。

図9 プルシャンブルーの単位格子（黒丸は Fe(Ⅱ)、白丸は Fe(Ⅲ)）

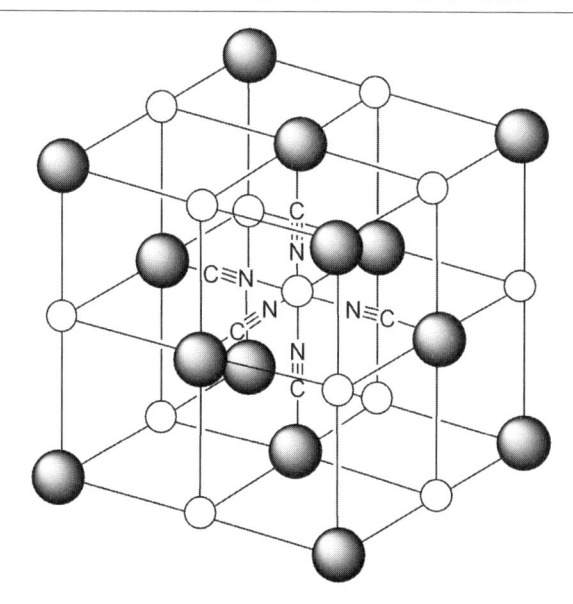

図10 鉄(Ⅲ)イオンの5個のd電子の電子配置。なお、1つの錯体でスピン状態が変換するものをスピンクロスオーバー錯体と呼ぶ。

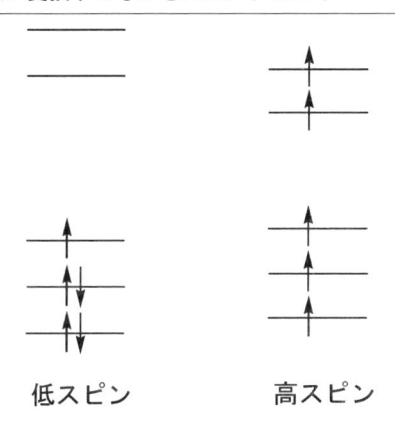

低スピン　　　高スピン

オーレオリンと呼ばれる黄色絵具の原料も金属錯体である。これは6配位八面体型のコバルト(Ⅲ)錯体であり、$K_3[Co(NO_2)_6]$（図11）と表され、亜硝酸カリウムとCo^{2+}を反応させることで得られる。カリウムの代わりにナトリウムを対イオンとした錯体は、水に可溶性となるため、カリウムイオンを沈殿させる試薬として用いられてきた。

赤色の顔料としてはアリザリンが古くから知られている。これはアカネの根から採取される赤色の色素をアルミニウムミョウバンで処理することで不溶性の顔料としたものである。アリザリンはアルミニウ

図11 オーレオリンの構造

図 12　アリザリンの構造

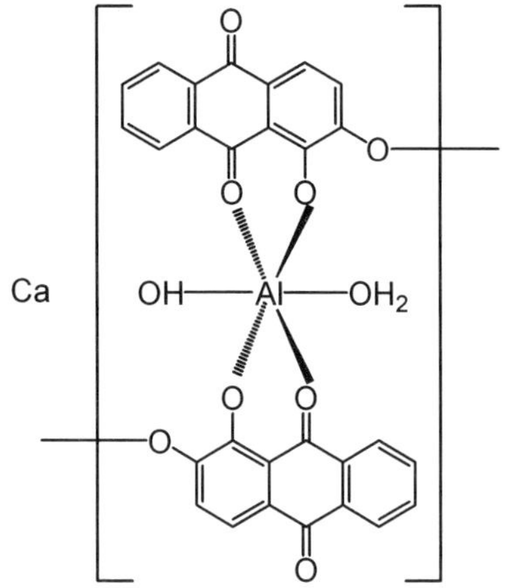

図 13　フタロシアニン銅錯体の合成経路

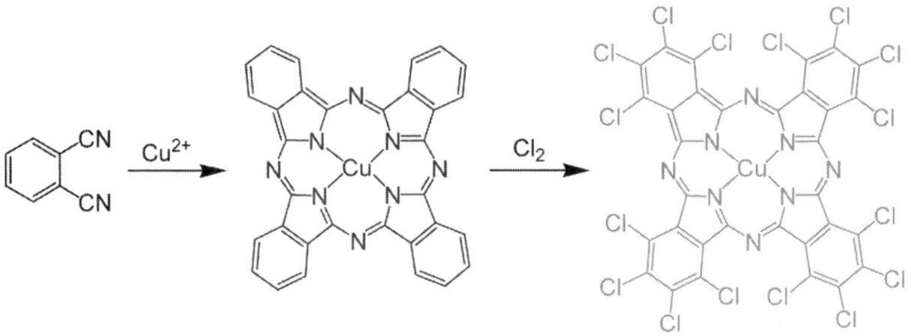

ムの周りに赤色の発色団が結合した金属錯体と見なせる（図 12）。

　最近まで我々の身近に顔料として用いられていた錯体にフタロシアニン銅錯体がある。それは東海道・山陽新幹線（青色）と東北・上越新幹線（緑色）の車両の色として使われてきた。1927 年に de Diesbach らは 1,2-ジブロモベンゼンとシアン化銅(Ⅰ)の反応により青色の生成物が得られることを報告した。それがおそらく最初に合成されたフタロシアニン銅錯体である。図 13 に示すような経路でも合成することができ、20 世紀に見出された最も重要な顔料のひとつと

いえる。

(2) 発光物質

かつてキドカラーという愛称で呼ばれていたカラーテレビがあった。それは輝度と希土類の希土から名づけられた。希土類とはスカンジウム(Sc)、イットリウム(Y)、ランタノイド元素を総称した言葉である。とりわけランタノイド元素からランタン(La)を除いたランタニド元素（原子番号 58 番～71 番の元素、Ce、Pr、Nd、Pm、Sm、Eu、Gd、Tb、Dy、Ho、Er、Tm、Yb、Lu）の錯体には、発光性を示すものが数多く報告されている。ランタニドイオンには部分的に満たされた 4f 軌道が存在しており、発光に関する遷移はランタニド原子内部で起こる f–f 遷移に限られる。その結果、ランタニド錯体の発光色は周りの配位子に依存せず、ランタニドイオンの種類によって決まっている。たとえば、3 価の Eu、Tb、Tm はそれぞれ赤色、緑色、青色に発光する。

テレビのブラウン管はすでに液晶ディスプレイやプラズマディスプレイに置き換わり、次のディスプレイの発光材料として有機 EL（エレクトロルミネッセンス）が注目されている。その有機 EL の研究の初期から金属錯体が利用されている。その端緒となった研究は 1987

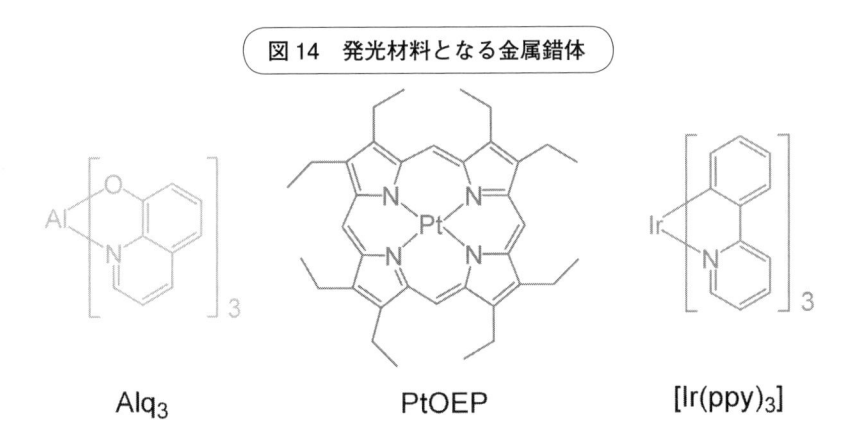

図14　発光材料となる金属錯体

Alq$_3$　　　　PtOEP　　　　[Ir(ppy)$_3$]

年に Tang らにより報告されたアルミニウム(III)錯体（Alq$_3$）の黄緑色発光の利用である。その後、赤色発光の白金(II)ポリフィリン錯体（PtOEP）や緑色発光のイリジウム(III)錯体（[Ir(ppy)$_3$]）を用いたEL素子が報告されている（図14）。

(3) 超伝導物質

超伝導とは、ある物質中の電気抵抗が0となる現象であり、そのときの温度を超伝導臨界温度（Tc）と呼ぶ。酸化物超伝導体（YBa$_2$Cu$_3$O$_7$ など）や金属超伝導体（MgB$_2$ など）に比べると目立たない存在ではあるが、金属錯体においても超伝導体は存在する。その代表的な錯体が R[M(dmit)$_2$]$_2$（R＝TTF、Me$_4$N など、M＝Ni、Pd）である。これらの Tc は低いものの圧力をかけたときに超伝導を示す。

図15 M(dmit)$_2$ と TTF の構造

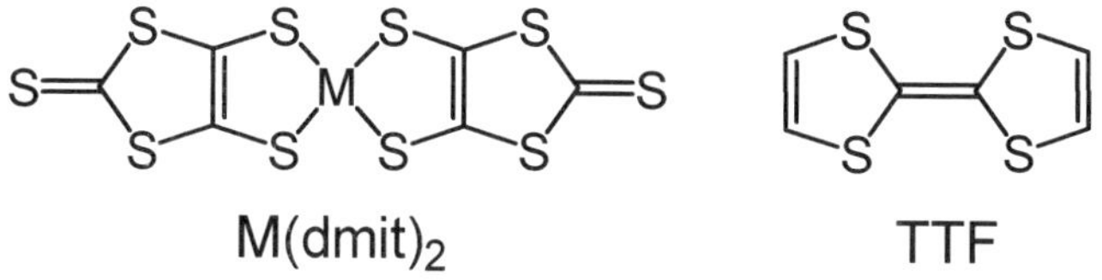

(4) 単分子磁石

分子1個で磁石としての性質を示す化合物を単分子磁石という。1993年にイタリアとアメリカの研究グループによってマンガンイオン12個からなる錯体（[Mn$_{12}$O$_{12}$(CH$_3$COO)$_{16}$(H$_2$O)$_4$]）が磁石としての性質を示すことが報告された。その後、鉄の八核錯体（[Fe$_8$O$_2$(OH)$_{12}$(tacn)$_6$]$^{8+}$、tacn＝1,4,7-トリアザシクロノナン）も単分子磁石であることが見出されるなど、単分子磁石の性質を示す金属錯体の発見が相次いでいる。

図16 $[Mn_{12}O_{12}(CH_3COO)_{16}(H_2O)_4]$ と $[Fe_8O_2(OH)_{12}(tacn)_6)]^{8+}$ の構造。元素記号右肩のローマ数字はそれぞれの金属イオンの酸化数を表している。

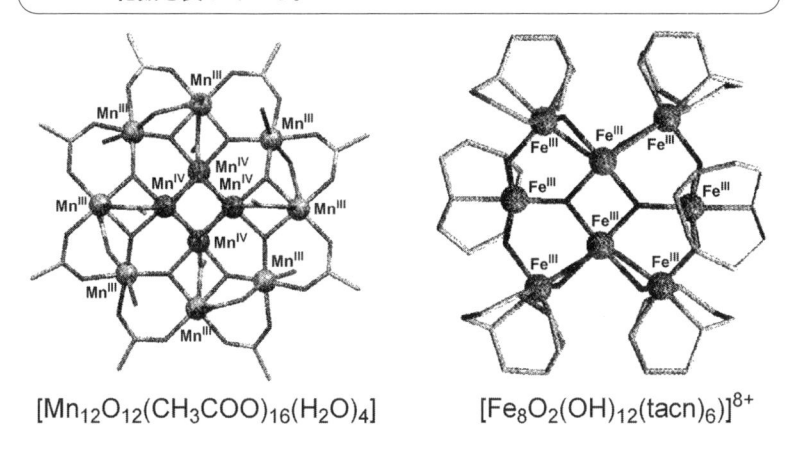

$[Mn_{12}O_{12}(CH_3COO)_{16}(H_2O)_4]$ $[Fe_8O_2(OH)_{12}(tacn)_6)]^{8+}$

(5) 触媒

金属錯体は化学反応における触媒としても利用されている。水素化反応は最も詳しく研究されている触媒反応のひとつであるが、そのなかでも $[RhCl(PPh_3)]$(ウィルキンソン錯体)を用いたオレフィンの水素化は有名である(図17)。また、ノーベル化学賞を受賞された野依先生は光学異性体の一方だけを選択的に生成する反応の触媒(不斉触媒)として金属錯体を利用した。生成物は有機物であるが、その反応をコントロールする役割を錯体が担っている。このような不斉触媒としてはマンガン-サレン(salen=代表的シッフ塩基配位子)系の錯体もよく知られている。さらにシトクロム c 酸化酵素のモデル錯体

図17 ウィルキンソン錯体触媒

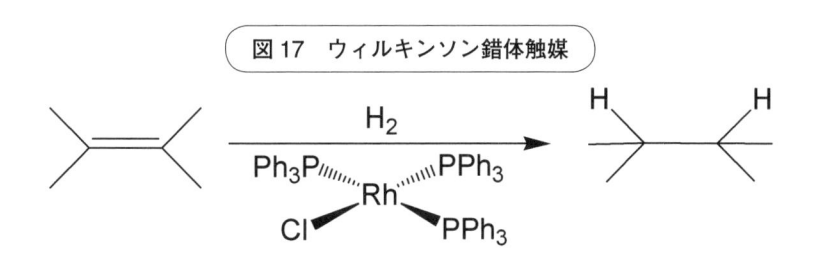

(2-(5)) のように酵素反応を規範として類似の構造をもつ錯体を合成し、それを触媒として利用する研究もさかんに行われている。

4 おわりに

　ここでは紹介できなかったが、ガスを貯蔵できる金属-有機物構造体（MOF；Metal Organic Framework）とも呼ばれる細孔構造をもつ無限錯体や薬になる金属錯体なども知られており、金属錯体はまさに多才である。金属錯体を研究する錯体化学は、無機化学はもとより有機化学や物理化学などとも深く関係するため、しばしば化学の交差点と呼ばれる。中心の金属イオンとそれに結合する配位子の組み合わせは無限であり、今後も錯体の示す能力に我々はしばしば驚かされることであろう。ここで紹介したプルシャンブルーやフタロシアニン銅錯体などの化合物は偶然見出されたものと思われる。また、単分子磁石で紹介した2つの化合物の合成そのものは磁石としての性質が見出される以前にすでに他の化学者によってなされたものであった。そう考えると化学者には、その偶然や異常性を見逃さない眼力と化合物を突き詰めて研究する執念、そして、発見の近くに身を置くセンスが求められているように思う。誰にもそのような発見のチャンスはあると思う。しかし、多種類の元素を相手にする錯体化学にこそ、より大きなチャンスがあるものと信じる。

参考図書
1) 伊藤翼　編集「金属元素が拓く21世紀の新しい化学の世界」、クバプロ (2004)。
2) 増田秀樹、福住俊一　編著「生物無機化学」（錯体化学会選書1）、三共出版 (2005)。

3）佐々木陽一、石谷治　編著「錯体化学の光化学」（錯体化学会選書2）、三共出版（2007）。
4）山下正廣、小島憲道　編著「金属錯体の現代物性化学」（錯体化学会選書3）、三共出版（2008）。
5）藤田誠、塩谷光彦　編著「超分子金属錯体」（錯体化学会選書5）、三共出版（2009）。

Part 4

第4章
量子化学入門に備えて

平田 善則

はじめに

　化学では様々な物質の構造・性質を取り扱う。物質を観るとき、先ず、分子に目が行くのは化学者の特徴であろうが、非常に多くの分子が知られており、その数は今でも急激に増えている。さらに、性質も多様である。したがって、大学で化学を学ぶときは、分子についての統一的、系統的な見方が必要である。また、それを支える理論が必須となるので、化学科の基礎的なカリキュラムとして「量子化学」に関連した科目が用意されている。「量子化学」は量子力学——原子・分子のような小さな物を扱う力学——の化学への応用で、これに基づかない化学は、残念ながら日本の高校の化学がそうであるように、「19世紀の化学」である。ところが、量子力学には普段の生活から得られる直感に反するように見える点があり、これが学習の妨げとなることも多い。そこで、量子化学入門に際して陥りやすい罠を避ける助けとなることを期して本章を記した。

　「化学科ではどのようなことをやるのか？」、ということは高校時代

に進路を考えるときに重要な点であったと思う。化学の授業もあり、その履修者が「化学」に対して何らかのイメージを持つことは自然である。ところが、このイメージがしばしば問題を惹き起こす。大学と高校の「化学」の間には極めて大きな違いが存在することが原因であろうが、入学後なるべく早く、こうしたことに気付くことが学修を効率的に進めるためには大切である。いまだに大量の"物理嫌い"を生んだゆとり教育の名残は濃いように見えるが、「化学」と「物理」の境界は高校時代に考えていたほどはっきりしたものではないことを認識すべきである。

1 原子の大きさと構造

Boyle の法則は気体に圧力をかけると体積が圧力に反比例して減少すると主張する。これは気体では分子が占める体積が小さく、何も存在しない空間が多いことによる。一方、液体、あるいは固体に圧力をかけても、体積があまり減少しないのは分子どうしがほとんど接触しており、圧力をかけても分子間距離が小さくなれないためである。このことを利用すると原子の大きさを評価できる。たとえば、金の結晶の密度が d であったとすると、金の原子質量（原子 1mol 当りの質量）M と Avogadro 定数 N_A を用いて、金原子の半径は概ね $\frac{1}{2}\sqrt[3]{\frac{M}{dN_A}}$ となる。金の結晶格子が単純立方ではなく、面心立方であることを考慮して、最近接原子間距離を求めると、よりよい原子半径として $\frac{1}{2}\sqrt[3]{\frac{\sqrt{2}M}{dN_A}}$ が得られる。ここでは密度から原子半径を求めたが、原子の大きさは何に基づいて評価するかに依存する。

原子の中に負に帯電した電子が存在し、原子の質量が電子の数千倍あることは 20 世紀初めには知られていた。しかし、原子の中の正の電荷がどうなっているのかは明らかではなかった。これを解明するきっかけは Rutherford の実験と呼ばれるものである。最初の実験は図

```
┌─────────────────────────────────────────────┐
│ 図1  後方へ散乱され、CdSを光らせるα-粒子があった │
└─────────────────────────────────────────────┘
```

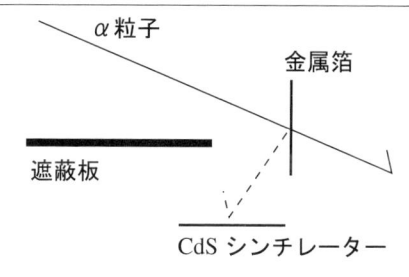

　　　　　　　　　　α粒子
　　　　　　　　　　　　　　　金属箔

　　　　遮蔽板

　　　　　　　　　CdSシンチレーター

1のように、金属箔にα-粒子（ヘリウム原子核）を当て、散乱の様子を測定した。α-粒子は電子に比べ非常に重く、電子と衝突してもほとんど進行方向を変えないはずであるが、非常に大きく進行方向を変えるものがあった。この結果は『紙に向かって大砲を打ち込んだら跳ね返された』と表現されるほど衝撃的なものである。後方散乱されたα-粒子の割合は小さいが、散乱の解析から正の電荷が集中している非常に小さい部分（原子核）の大きさが得られた。また、原子核の電荷が見積もられ、それを中和するに必要な電子の数は原子量のほぼ半分の値であったが、この時代にはまだ現在のような原子番号の概念はなかった。さらに、原子モデルとして、太陽系のように原子核を中心に、周囲に電子が軌道を描くようなものが提案された。

2　原子の電子構造

　研究が進み、原子番号 z の原子は $+ze$ の電荷を持つ原子核と z 個の電子からできていることがわかると、次に知りたいことは電子が、「どこにどのような状態で」存在するか、ということである。原子・分子のような小さなものを扱うには、多くの場合、量子力学が必要となる。詳細に立ち入ることはできないので、専門の授業を聴いて貰う必要があるが、ここで重要なことは次の点である。

1. 実測からわかるように、物質（粒子）は波の性質をも示し、「波動関数」を調べるとその挙動がわかる。
2. 「波動関数」は位置の関数で、一般には複素数であるため、観測することはできない。しかし、その絶対値の二乗が、その位置に粒子を見出す確率を表す（**Bornの解釈**）。
3. 「波動関数」はたとえばSchrödinger方程式と呼ばれる微分方程式を解くことによって得られる。

　ここで最も大事なことは2.の**Bornの解釈**である。3.はおまけのようなもので、Schrödinger方程式は解析的にはめったに解けるものではないが、化学を理解するための量子力学のユーザの立場からすると、上記はどれをとっても「理解」の対象とはならない。『こうだと思え』と言っているだけである。この辺りの講義を行った経験からは、「理解」しようとした結果、先へ進めなくなる者が多いように見える。『こうだと思え』というのは、物理では必ずどこかで出てくるもので、一旦はこれを受け入れ、現実の問題に適用してみれば「理解」できたような気がしてくる。本当にそれでよいか考えるのはさらに先の段階であろう。もっとも、あまり上のレベルで『こうだと思って』丸暗記、というのも困るので疑問は大いに持って欲しいが、要は現象を正しく再現、説明できることである。

　もう一つ例を挙げると、理解したと思っているかも知れない $f=m\alpha$（Newtonの運動方程式）もそうである。この式は力が働かないと（$f=0$）物体は等速度運動を続ける、と言っているが、これを実感できる機会は少ないように思える。地球を回っている人工衛星は地球に向かって落ち続けることで閉じた軌道を描けるし、落下により重力を打ち消すことで無重力と呼ばれる状態になる。しかし、重力が働かないのではない。

　大幅に脱線したところで主題に戻ろう。いきなり答えになるが、原子を構成する電子のSchrödinger方程式を解くとわかるように、電子

は原子核の周囲にある確率で分布する。分布の形は電子の持つエネルギー等で決まるが、古典力学のように電子の位置が一点に定まり、それが時間と共に移動する、要するに軌道を描く、という見方はできない。図2は波動関数を表しており、電子が存在するおよその範囲を示すと思えばよい。英語ではこうした波動関数を orbital（オービタル）と呼び、orbit（軌道）と区別している。

　電子の持つエネルギー（オービタルのエネルギー）は、複数の電子が存在すると電子間相互作用により複雑になるので水素原子を考えるが、Schrödinger 方程式を解いたときに出てくる自然数 n（主量子数）によって決まり（$-1/n^2$ に比例）、n が大きくなると、エネルギーが高くなると共にオービタルが拡がる。$n=1$ の場合は 1s オービタル（K殻）と呼ばれる。$n=2$（L殻）では 2s オービタルの他に $2p_x$、$2p_y$、$2p_z$ のオービタルが現れるが、水素原子ではこれら4種のオービタルのエネルギーは等しい。原子オービタル（AO：Atomic Orbital）を特定するには、主量子数 n の他に l, m の量子数が必要である。オー

図2　水素原子オービタルの値が等しい面。電子は大まかには、このあたりの内部にボーッと広がっていると思えばよく、どの点にいるかはわからない。s-オービタルは球対称である。p-オービタルは軸対称で、$2px$ は yz-面を鏡にして映すと元と重なるが符号が変わる（図の手前と奥で符号が異なる）。なお、図では遠近法を用いたので、$2px$ の手前と奥のオービタルの大きさが異なって見えるがこれらの大きさは等しい。

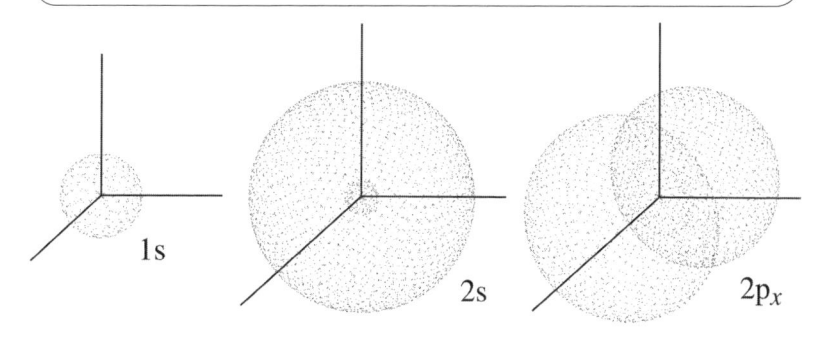

1s　　　2s　　　$2p_x$

ビタルを表す記号の最初の数字は n を表す。次の s、p、…は l を表し、オービタルの球からのズレの大きさを示す。下付は m に関係し、ズレ方を示す。図2のように s($l=0$) は球対称、p($l=1$) は球からズレて、$2p_x$ は x-軸方向に伸びた分布になり、x-軸の周りに回転すると元と重なる。

1s オービタルはすべての部分で符号を正にすることができるが、2s は原点付近と遠方で符号が異なり、その間の球面上で0になる。図2の2sの中央に小さな球が見えるのはこのことを示している。$2p_x$ は x の正の部分と負の部分で符号が異なり yz-面上で0になる。波動関数が0になる位置は節と呼ばれ、この位置に電子が見出されることはない。エネルギーの高いオービタルでは節の数が増える。これは AO に限らず一般的なことで、主量子数 n のオービタルの節は、($n-1$) 個ある。なお、s-オービタルは他と異なり原点で0にはならない。

電子どうしは互いに相手を避け、同じ状態になることができない（Pauli の排他原理）ので、1つのオービタルは電子を2個までしか収容できない。したがって、K 殻は2、L 殻は8個までの電子を収容できる。M 殻（$n=3$）にはオービタルが（$n^2=$）9種類あるので最大で18個になる。この結果は高校でも習ったと思うが、長い説明が必要であった。なお、1つのオービタルに2個の電子が入ることができるのは n、l、m の他にスピン（s）と呼ばれる自由度（量子数）があり、電子は $s=\pm\frac{1}{2}$ の二種の状態をとり得ることによる。複数の電子が存在する一般の原子も、近似を用いる必要はあるが、水素原子とほぼ同様に扱える。ただし、l によりエネルギーが異なり 2p は 2s より高エネルギーになる。

3 原子から分子へ

化学では分子が中心的役割を果たすが、その性質を理解するには、

分子オービタル（MO：Molecular Orbital）について知る必要がある。AO から MO を作ることは極めて自然な成り行きであり、様々な方法がある。

　まず、最も簡単な分子である水素について考える。2個の水素原子が十分離れていて、原子間相互作用が無視できれば、この系のオービタルは2個の水素の AO、φ_A と φ_B の和として表せるので、互いに近づいて分子を作ったときも、MO が AO の和になるとする。AO の下付の A、B は水素原子を区別するためのもので、ここでは水素原子の 1s オービタルの原点をそれぞれの原子核の位置に移動したものである。原子が互いに近づき、AO が重なって分子ができると2個の電子は区別できなくなる。このとき、MO は AO の和と差、$\psi_+ = c(\varphi_A^{1s} + \varphi_B^{1s})$、$\psi_- = c(\varphi_A^{1s} - \varphi_B^{1s})$ の2種、すなわち、2個の AO から線形独立な2個の MO ができる。ここで、c は規格化定数と呼ばれる。これらの MO のエネルギーと形は図3のようになり、ψ_+ では原子核間で電子の存在確率が高く、エネルギーが低い。一方、ψ_- では原子核の間に節があり、その付近の電子の存在確率が低い。したがって、核間反撥のためにエネルギーが高い。これらの MO は AO と同様、それぞれ2個の電子を収容できる。基底状態（最も安定な状態）では電子は2個ともエネルギーの低い ψ_+ に入り、ψ_- は空なので全体のエネルギーが水素原子2個分より低くなり結合ができる。2個の He でもエネルギーは別として、MO は似たような状況ではある。しかし、電子が4個あるので両方の MO が満たされ、エネルギーが原子2個分より高くなって結合はできない。ψ_+ は結合オービタル、ψ_- は反結合オービタルと呼ばれる。基底状態の水素分子に余分なエネルギーを与え、結合オービタルの電子を1個、反結合オービタルに移すと結合が切れる。

図3 H₂の分子オービタル。内部の2個の小さい球は原子核の位置を示し、電子は遠くまで広がっている。ψ_+では節は無いが、ψ_-では結合の垂直二等分面が節面で、その前後で符号が異なる。

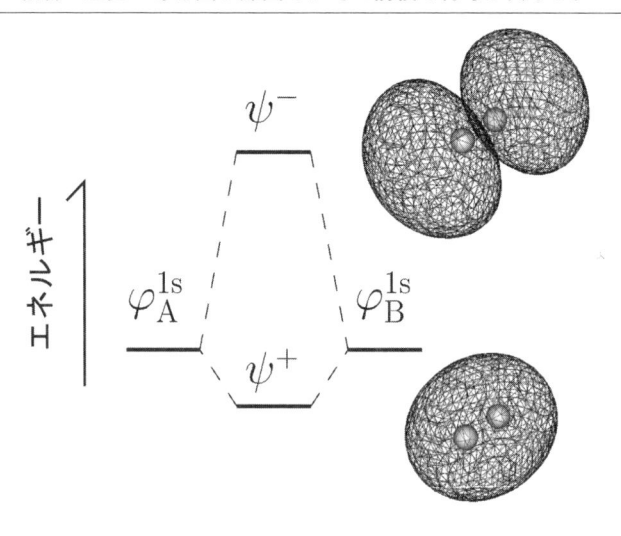

4 化学結合

水素より複雑な原子、たとえば炭素を含む分子について考える。メタン（CH_4）ではC–H結合が4本あり水素分子のように簡単ではないが、これはどう考えるのだろうか。まず、炭素のAOはエネルギーの低い順に1s、2s、2p（炭素では水素と異なり2pは2sよりエネルギーが高い）となり、6個の電子はエネルギーの低いAOから、1sと2sで4個、残りが3個の2pのどれか2個に入る。たとえば$2p_x$と$2p_y$に入れば、上付きの数字でそれぞれのオービタルの電子数を表し、$1s^2 2s^2 2p_x^1 2p_y^1$と書くことができる。電子で満たされた2sと水素の1sでは、エネルギーが下がらず安定な結合はできないので、「結合が2つの原子の特定のAO」からできるとすると$2p_x$と$2p_y$から2本のC–H結合しかできず、困ったことになる。この考え方は原子価結合法

と呼ばれる。

ではどうするか、というと「特定のAO」だけで結合を作ったのが悪いので、MOは分子全体に広がっていると考え、「結合している原子の全てのAO」を使ってMOを作る。「全て」といっても$n=\infty$まで無限のAOがあるので、結合に関与するAOからエネルギー的に遠く、寄与の小さいAOを除き、MOをAOの和（線形結合）として$\psi=\sum_i c_i \varphi_i$と書く。この方法は分子軌道法と呼ばれる。係数$c_i$を決めなければならないが、多くの方法があり、計算のためのパッケージがあるので通常はそれを使う。現在では計算により、分子構造、反応性等の化学的性質がかなりの精度で予測できるので、化学だけではなく、薬学等の広範な分野で利用されている。メタンが正四面体であることも、大きな原子、たとえば塩素で置換した塩化メチルは正四面体にはならないことも計算で示すことができ、発癌性、薬理効果の予測にも用いられている。

どうしても原子価結合法を使いたい時はどうすればよいか？ 炭素の手を4本にするだけなら、メタンの炭素では2sの電子が1個2pに移って（昇位）$1s^2 2s^1 2p_x^1 2p_y^1 2p_z^1$となったと考えればよい。エネルギーが高くなったように見えるが、結合が増えるので最終的には安定化される。しかし、3種の2pオービタルは互いに直交しているので、正四面体が説明できない。そこで登場するのが「混成」である。2sと3種の2pの線形結合により4つの等価で互いに線形独立なオービタルを作る（sp^3混成）。これらのオービタルは炭素原子核を正四面体の重心に置くと、各頂点に向かう。したがって、これらを用いて結合を作ると、メタンの正四面体が説明できる。

すでに気付いたと思うが、「特定のAO」だけで結合ができるという考えを捨て、「多数のAO」の線形結合を取り入れたことで分子の形が説明できたのである。これで、メタンは済んだが、エチレンでは2sと2種の2pからできるsp^2混成を、アセチレンではsp混成を考えなければならないし、塩化メチルが正四面体ではないことからもわ

かるように、sp^n 混成の n は自然数ではなく実数になる。分子軌道法ではこの辺りで余計なことを考える必要は無い。しかし、原子価結合法は分子軌道法に比べ結合をイメージしやすく、適切なオービタルを準備しさえすれば利点もある。いずれにしても近似法であり、十分な自由度を与えれば精度を上げることはできる。なお、sp^3 等の記号は「混成」とは無関係に、原子の典型的な状態を示すのに有用である。

　最後に MO の例をもう一つ挙げる。ブタジエンの π-オービタル（分子面に直交した炭素の 2p）だけを考えたもので、このような小さな分子であれば紙と鉛筆で計算可能な近似法もある。計算法は授業にまかせて結果だけを図 4 に示すが、こうしたことができるのは π-オービタルのエネルギーが他の AO から離れているためである。π-オービタルは各炭素原子に 1 個ずつ全部で 4 個あり、線形結合により $\psi_1 \sim \psi_4$ の 4 個の MO ができるのはこれまでと同様である。これらの MO は分子面を境に上下で符号が変わり、2p オービタルの性質を引き継いでいる。MO のエネルギーは下付の数とともに高くなり、この

> 図 4　*trans*-ブタジエンの π-オービタル。4 個の炭素はすべて sp^2 とすると各炭素に 1 個ずつ、分子面（紙面）に直交した 2p オービタルが残り、これらの線形結合で π-オービタルができる。図中の＋、−は紙面より上のオービタルの符号を示す。節は $\psi_2 \sim \psi_4$ の符号の異なる部分の間にくる。MO は ψ_1 から ψ_4 まで順にエネルギーが高くなり、基底状態では ψ_1 と ψ_2 に 2 個ずつ π-電子が入る。

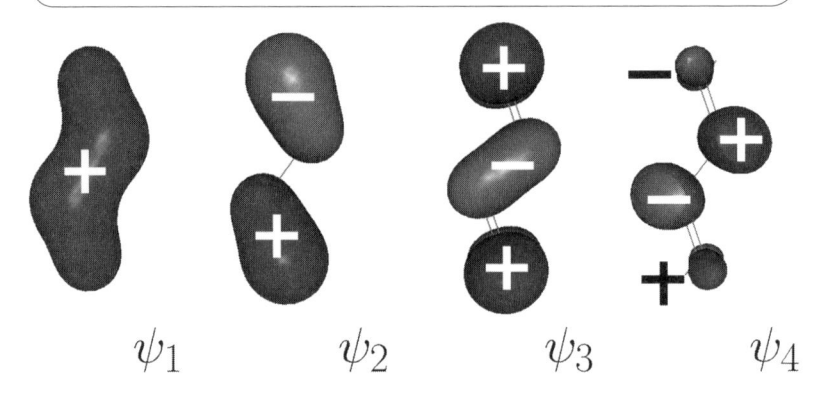

順に分子面に直交した節面の数が増える。この計算では中央の結合は約1.5重結合、両端は2重結合に近くなるが、結合長、結合角、さらに正確な結合次数の予測には他のオービタルも必要になる。

おわりに

本章を読んで、覚えておいて欲しいことを一つだけ挙げると、「エネルギーが高くなると波動関数の節が増える」ということである。これは図5のように縄跳びの縄の一端を振って、節の多い定在波を作るには、速く振らなければならないので多くのエネルギーが必要になり、疲れることと同じである。波動関数は物質の中にできる定在波であり、原子・分子のように小さいものでは波動性が顕著であるので、エネルギーと節の数の関係は様々な場面で有用である。一方、目に見えるようなものでは質量、したがって運動量が大きく、波長が短いので波動性が隠れて、通常はこれを認識することはない。

量子力学が日常の常識に反するように見える原因は物質の波動性であり、なれないうちは直感が利かず、数式（数学）に頼らざるを得な

図5　節の多い波を作るには多くのエネルギーが必要

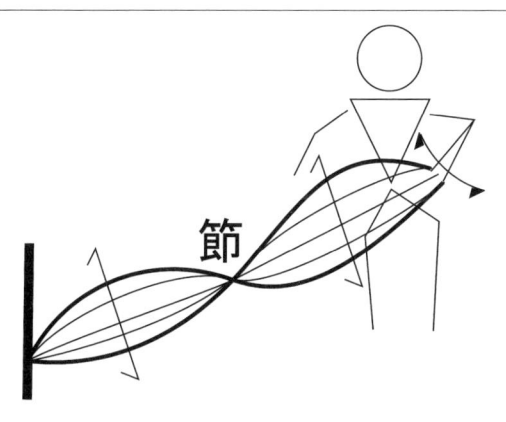

い。ところで、現象を数式を使って書くことは非常に大切である。容易に厳密性を保てることもあるが、最大の利点は数式を用いて表せばその先は、過去の偉大な数学者が考えてくれたことを借用できることである。数学を使うと、自分で考えることなしに、最適化、成立条件の検討等、様々なことができる。量子力学でも式の変形だけで様々なことが得られる。それになれると「常識」が変化し、理解が急速に進むことは誰しも経験する。そうなるまで頑張って欲しい。

Part 5

第5章
磁石が教えてくれた新物質

森　和亮

1　磁石と化学

　化学の分野に磁石がかかわるなんて、私は1964年に名古屋大学で卒業研究として銅化合物の磁性の研究をするようにと言われるまで全く知らなかった。
　磁石といえば、子供のころ遊んだ馬蹄形の磁石や方位磁針しか頭に浮かばなかった。知識としては、高校の物理の教科書に出てきた磁力線とか、右ねじの法則、ソレノイドコイル、電磁誘導の法則などが思い出されるが、化学と関係するものはどこにも見当らない。

　研究室に配属になって、まずはじめに行ったことは強力な磁石の中にいろいろな化学物質を入れて、その物質に働く力を測定したことであった。図1aはそのとき使用した装置である。電磁石と天秤からできている。電磁石の強さは約20,000ガウス、天秤は1/100,000gの微少量まで計ることができる精密天秤である。
　まず、酢酸銅を図1bのようなガラスのセルに入れて天秤から吊る

図1a　磁化率の測定装置

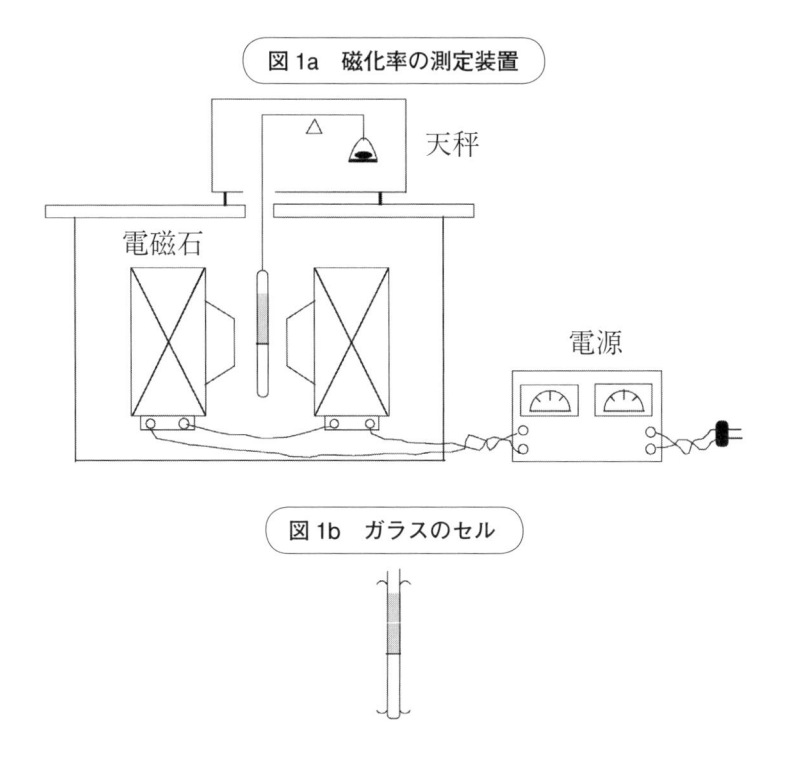

天秤

電磁石

電源

図1b　ガラスのセル

した。電磁石に電流を流して磁場をかけたら、天秤の目盛が増加し電磁石に引っぱられていることがわかった。硫酸銅はもっと強く磁石に引っぱられた。おどろいたことに水を入れ測定したら、わずかではあるが磁石に反発された。鉄を入れたら、きっと装置がこわれてしまうであろう。実際に、鉄片を布にくるんで磁石に近づけたら、はげしく引っぱられてあやうく怪我をするところであった。

(1) 磁石の歴史といろいろな磁石

天然の磁石はマグネットの由来となった磁鉄鉱（マグネタイト Fe_3O_4）である。その昔、ギリシアのマグネシア地方の牧童が先に鉄のついた杖をもって歩いていたとき、たまたま杖を引きつける石を見つけたのが始まりとされている（紀元前7世紀）。馬蹄形磁石や棒磁石は永久磁石（図2）と呼ばれる。子供のころ遊んだ磁石は100 ガウ

図2

棒磁石　S　N

馬蹄形磁石　N　S

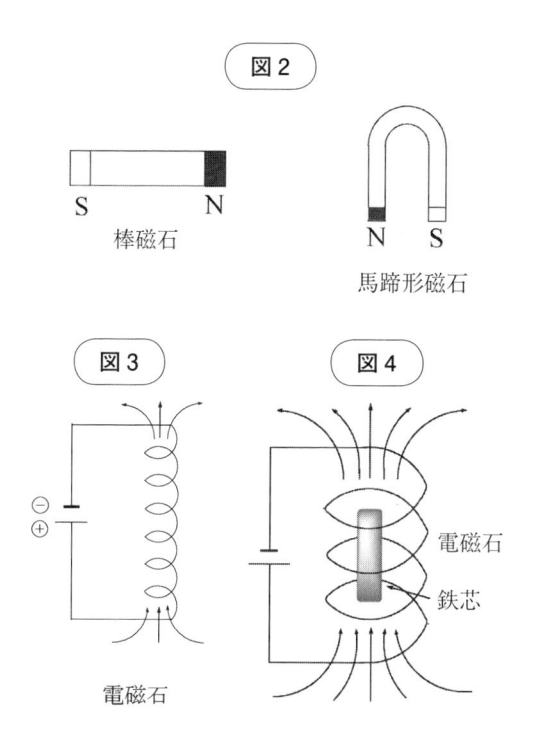

図3

電磁石

図4

電磁石
鉄芯

ス程度の強さのものであるが、最近は数千ガウスの強力な希土類磁石（ネオジム、鉄、ホウ素）が作られている。この磁石は1cm^{3}のものが5kg近い鉄をもち上げられるほど強力な磁石である。もう一つよく知られている磁石に電磁石がある。図3に示すようにコイルに電流を流すと磁石になる。コイルの中に鉄芯を入れると鉄が磁化されてより強力な電磁石（図4）になる。大学の研究室では超伝導磁石が使用されている。この磁石は電磁石の一種であるが、コイルに超伝導体が使われており、一旦電流を流して電磁石にすると、その後は外部からの電流の供給がなくても半永久的に磁石となる。200,000ガウスもの強力な超伝導磁石が市販されている。

(2) 磁石の源

はじめに述べたように、鉄が磁石に引きよせられることは誰もがよ

図5

強力な
希土類磁石

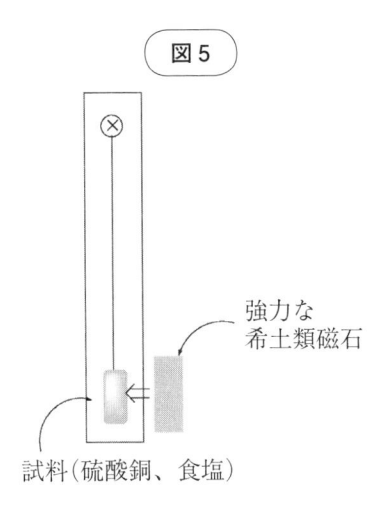

試料(硫酸銅、食塩)

く知っている。しかし、酢酸銅や硫酸銅が磁石に引っぱられることは知らなかった。ましてや水のように磁石に反発されるものがあることは思ってもいなかった。図5のような簡単な実験で確かめてほしい。硫酸銅や食塩を入れた大きめのカプセルに、50～60cmの糸を付け上から静かに吊るし、強力な希土類磁石を近づける。硫酸銅の場合は、はっきりと引っぱられるのが観測できる。食塩の場合は前述の水の場合と同様にごくわずかではあるが反発される。これは一体どういうことなのだろうか。磁石の源をたずねることとしよう。

　まず棒磁石を半分に割ってみる。するとそれぞれN極とS極を持つ半分の大きさの磁石になる。さらに半分にすると1/4の大きさの棒磁石になる。これ以上割る事は実際には大変であるが、図6のようにどんどん細かくしていってもN極とS極を持った小さな磁石になる。最終的には分子や原子の大きさのミクロ磁石になる。このミクロ磁石が磁石の源である。それではミクロ磁石は一体なんなのだろうか。前にも述べたようにコイルに電流が流れると磁石になる（図7）。磁力線で磁場の方向を示している。磁力線の密度が高いところは磁場が強く、密度が低いところは磁場が弱い。

図6

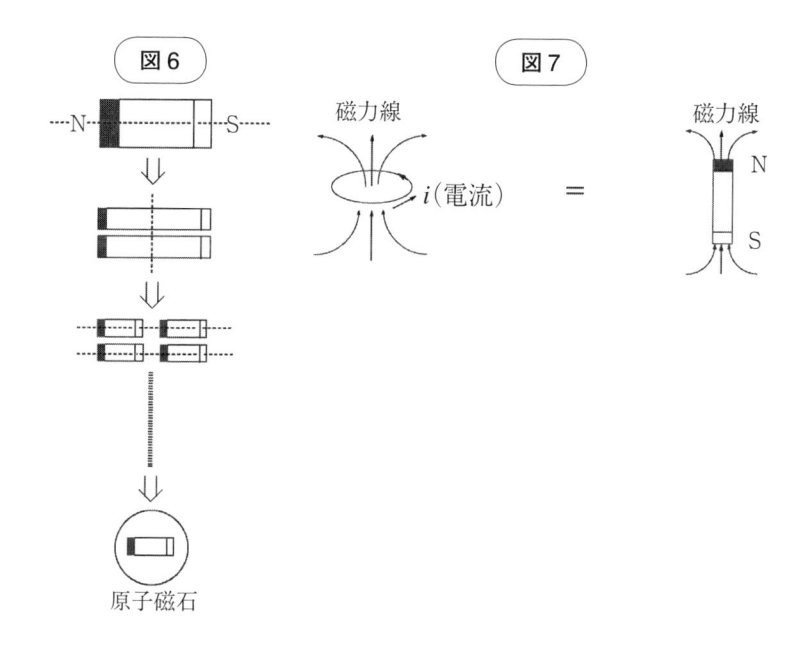

図7

 ところで、原子は図8aに示すように、プラスの電荷をもった原子核の周りをマイナスの電荷を持った電子が回っている。この電荷を持った電子の運動に注目すると、図8bに示すように図7のコイルに電流が流れているのと同じ形をしている。したがって、これは小さな磁石になる。これがミクロ磁石である。電流はプラスの電荷が流れる方向であるので、マイナスの電荷を持った電子の軌道運動の場合は、磁場の方向は図8bのようになる。
 電子は原子核の周りを回る軌道運動だけでなく、自分自身で自転（スピン）していて、このスピン運動に伴う固有の磁石が出来る。スピンには右回りと左回りがあるが、それぞれに対応して2つの向きの磁石が出来る（図9）。
 このスピン運動によるミクロ磁石は、軌道運動によるミクロ磁石とともに磁石の源である。ミクロ磁石のでき方は原子中の電子の配置の仕方と密接な関係がある。

図 8a

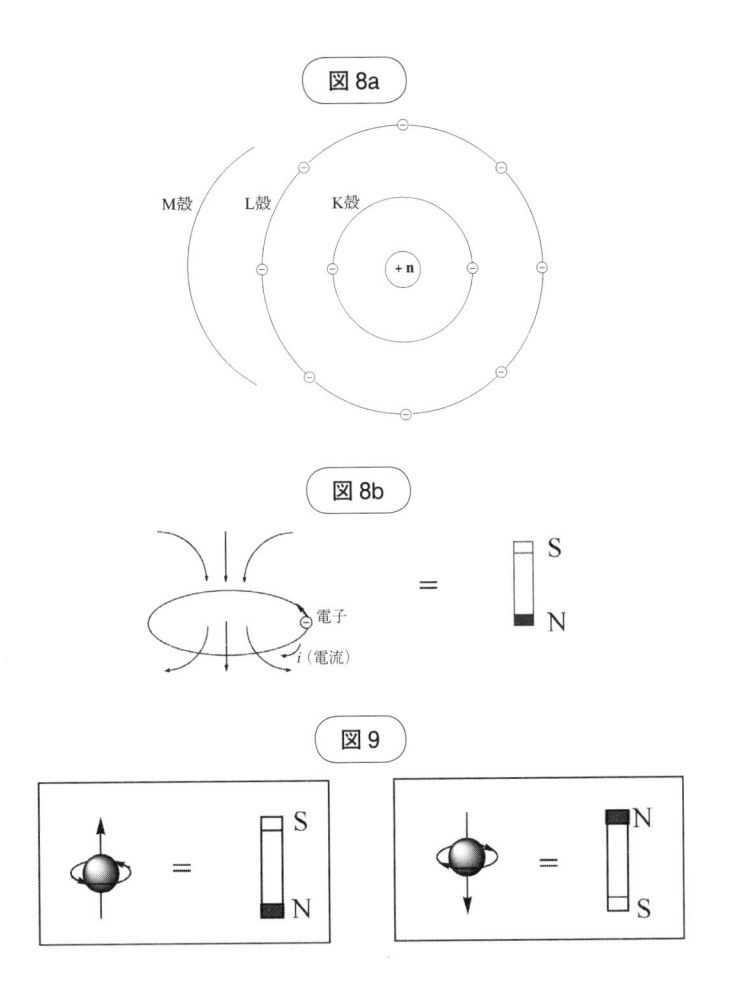

図 8b

図 9

(3) 磁石に引っ張られる物（常磁性体）と磁石に反発される物（反磁性体）

　図 8a の電子の軌道をもう少し詳しく見てみよう。K 殻には電子が 2 個、L 殻には電子が 8 個、M 殻には電子が 18 個入る事ができる。これを詳しく調べると表 1 に示すようになる。

　K、L、M、…殻の軌道はまず主量子数と呼ばれる数字 n で特徴付けられる。それぞれの殻は、主量子数の数だけの軌道角運動量量子数（ℓ）で表されるサブレベルを持つ。ℓ の値は 0、1、2、…の値を取り、

表1

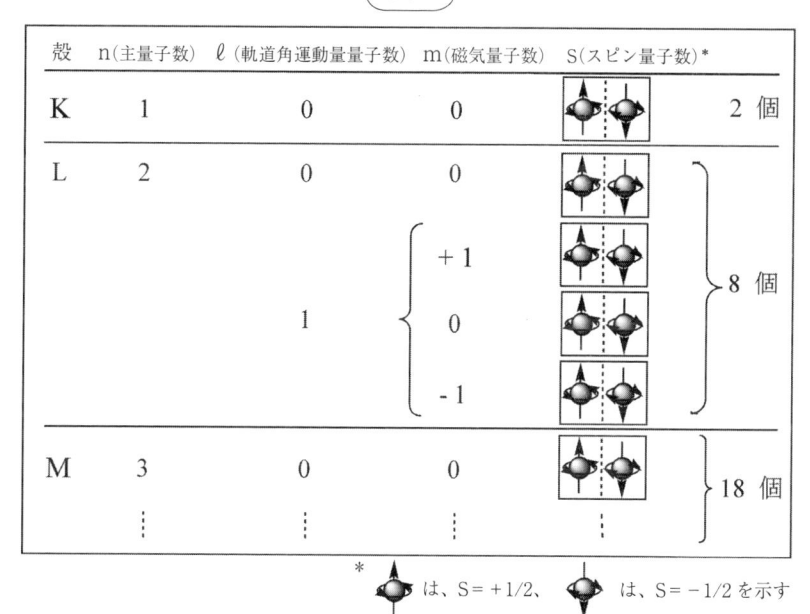

殻	n(主量子数)	ℓ(軌道角運動量量子数)	m(磁気量子数)	S(スピン量子数)*	
K	1	0	0	⬆⬇	2個
L	2	0	0	⬆⬇	
		1	+1	⬆⬇	8個
			0	⬆⬇	
			-1	⬆⬇	
M	3	0	0	⬆⬇	18個
	⋮	⋮	⋮	⋮	

* ⬆ は、S = +1/2、⬇ は、S = -1/2 を示す

電子の軌道運動によってできる磁石の大きさに対応する。即ちℓ=0の場合はミクロ磁石を生じないが、ℓ=1の場合はその大きさに対応するミクロ磁石を作る。表1にはないがℓ=2のときはもっと大きな磁石になる。磁気量子数 m は磁場をかけた時にその磁石の向く方向と関係する。これはℓの大きさにしたがって 2ℓ+1 個（ℓ、ℓ-1、…-ℓ+1、-ℓ）の更なるサブレベルの軌道を作る。このサブレベルまで分かれた軌道には電子が2個ずつ入る。ただし、一つの軌道の中では2つの電子はスピンが互いに逆向きでなければならないというルールがある。軌道のエネルギーは原子核に近いほど低いのでその順に軌道をならべると図10のようになる。

原子番号1番の水素原子は、陽子を1個持っており、その周りを1個の電子が回っていて、1番エネルギーの低い図11aのような電子配置をとる。ℓ=0なので軌道運動のミクロ磁石はない。スピンによる

図 10

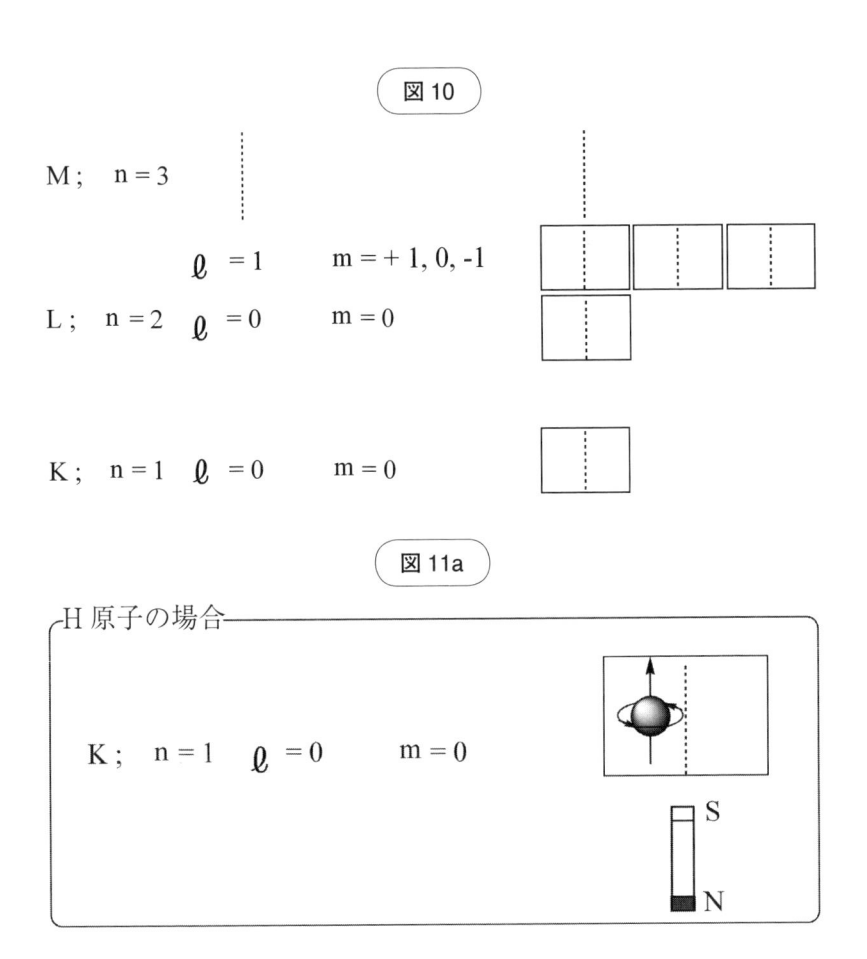

M； n = 3

　　　　　ℓ = 1　　m = +1, 0, -1

L； n = 2　ℓ = 0　　m = 0

K； n = 1　ℓ = 0　　m = 0

図 11a

H 原子の場合

K； n = 1　ℓ = 0　　m = 0

S
N

ミクロ磁石が1つある。したがって、水素原子は磁石に引っ張られる。しかし、ヘリウムの場合は、図11bのようにスピンによる磁石も打ち消しあうので、ミクロ磁石がない。ヘリウムは磁石に引っ張られることは無い。実際にはヘリウム原子はわずかではあるが磁石に反発される。

　水素原子のようにミクロ磁石を持っているものは常磁性体と呼び、磁石に引き付けられる。一方、ヘリウムのようにミクロ磁石を持っていないものは磁石に反発され、反磁性体という。ヘリウム原子がなぜ磁石に反発されるかを考えてみよう。コイルに磁石を近づけると、そ

図 11b

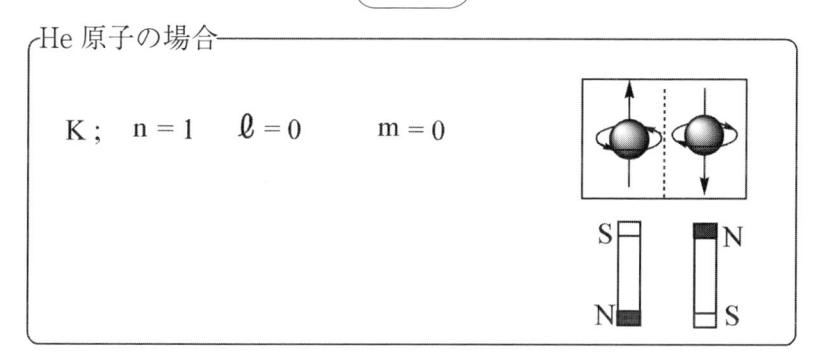

He 原子の場合

K ; n = 1   ℓ = 0   m = 0

の磁場を打ち消す方向に電流が流れ、逆向きの磁場を作るという電磁誘導の法則がある。磁場をかけると、ヘリウムの原子核の周りの電子の軌道運動が、コイルの場合と同じ原理で逆向きに磁化され、磁石に反発されるのである。したがって、反磁性は全ての物質がもっている磁性である。水素原子も反磁性を持っているが、通常の磁場ではミクロ磁石による常磁性のほうが強いのでその陰に隠れている。

図 12a のように 2 個の水素原子が結合して水素分子を作ると 2 つの電子のスピンが打ち消すように結合するので反磁性体となる（●は電子を示している）。

水も図 12b で示すようにスピンによるミクロ磁石が打ち消し合って反磁性体となる。

(4) ミクロ磁石と化学

これまで述べてきたことから、磁石が化学と密接な関係があることがわかってもらえたと思う。はじめに述べたように、酢酸銅(II)と硫酸銅(II)は磁石に引き付けられる。これは銅(II)イオンがミクロ磁石を持っているからである。2 つの銅(II)塩の構造を図 13 に示す。2 つの銅(II)塩で、硫酸銅(II)の方が酢酸銅(II)よりも強く磁石に引きつけられたのは、この構造の違いによる。硫酸銅(II)中のミクロ磁石は、

図 12a

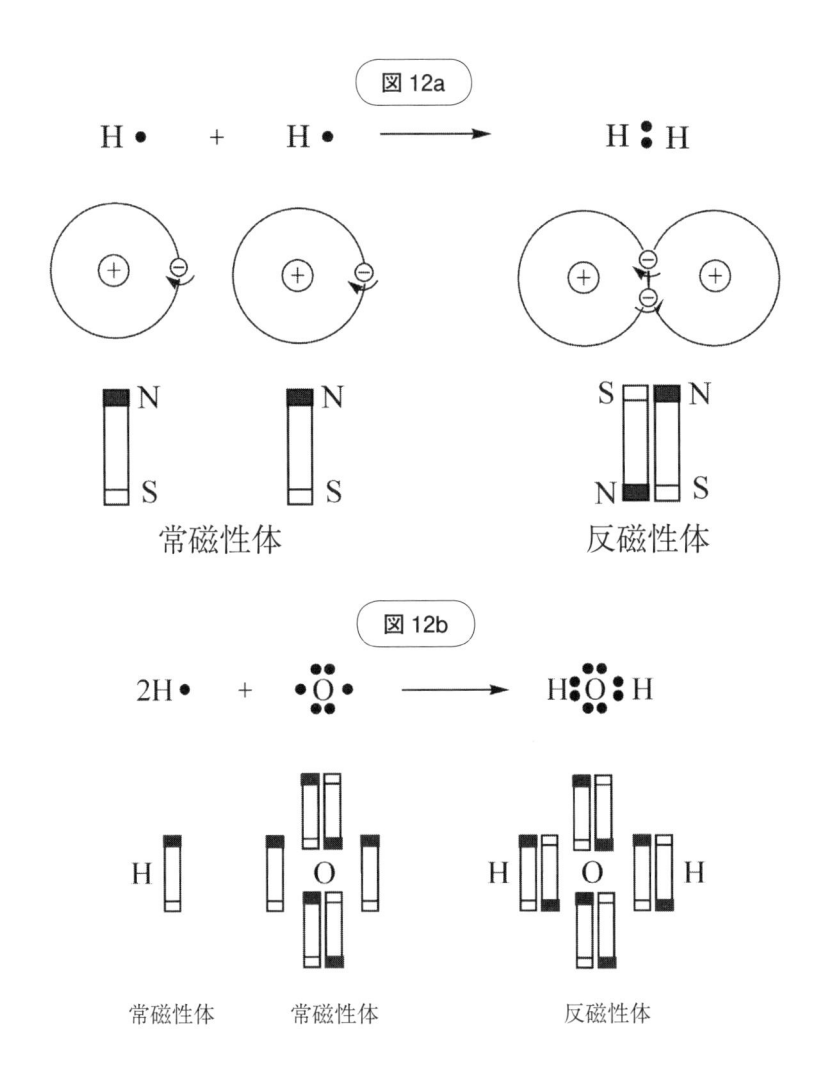

H・ ＋ H・ ⟶ H:H

常磁性体　　　　　　　　　　　反磁性体

図 12b

2H・ ＋ ・Ö・ ⟶ H:Ö:H

常磁性体　常磁性体　　　　　反磁性体

バラバラに分布していてお互いに独立しているが、酢酸銅（Ⅱ）の場合は二量体構造をしていて、2つのミクロ磁石の間にスピンを互いに逆向きにする磁気的相互作用が働き、ミクロ磁石が部分的に打ち消されている。この場合でも、温度が十分高いとミクロ磁石の熱運動がはげしくなり、相互作用に打ち勝って硫酸銅（Ⅱ）のときのように互いに独立した状態になる。逆に温度を下げていくと熱運動が弱まり、磁気的

図 13

酢酸銅(II)　　　硫酸銅(II)

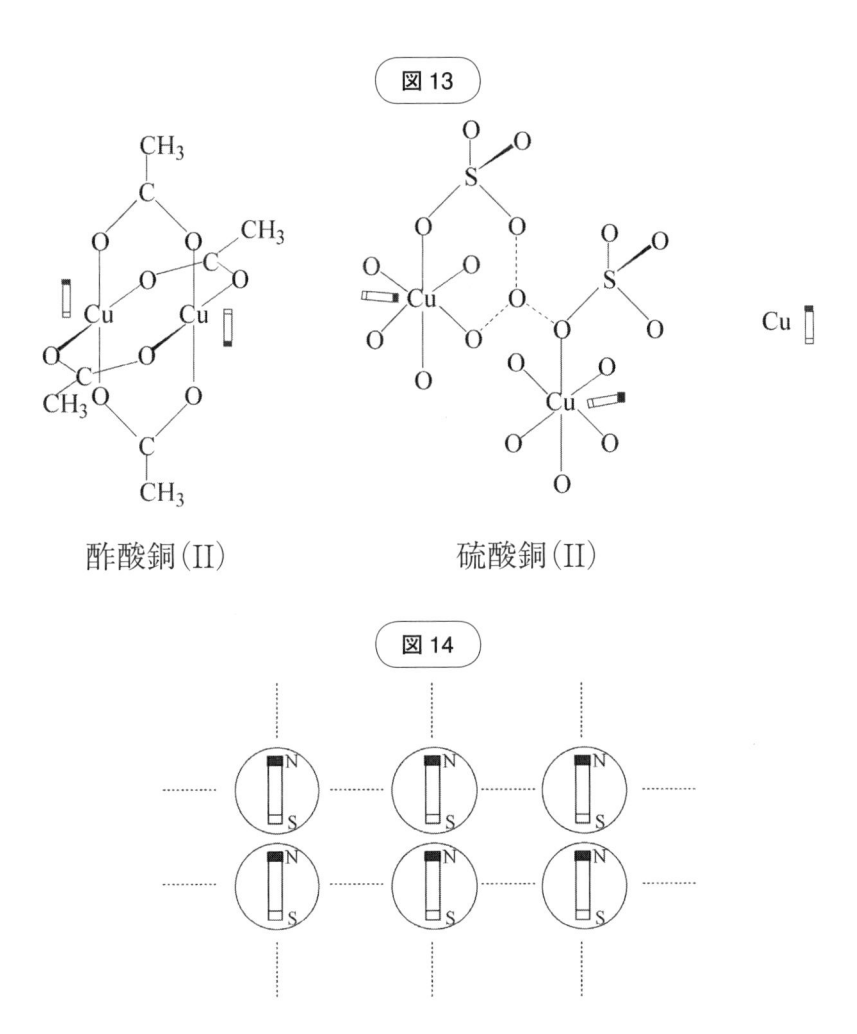

図 14

相互作用がしだいに優勢になって、ついにはミクロ磁石は完全に打ち消されてしまう。

　ここで鉄の磁性について少しふれる。鉄原子はミクロ磁石をもっているが、その磁石の間には、互いに同じ向きに向かせる強い磁気的相互作用が働いていて、鉄のミクロ磁石は図14のように同じ向きに整列している。2つの棒磁石を並べてみたらよく分かるように、あまり

図15

↑はミクロ磁石の方向を示す

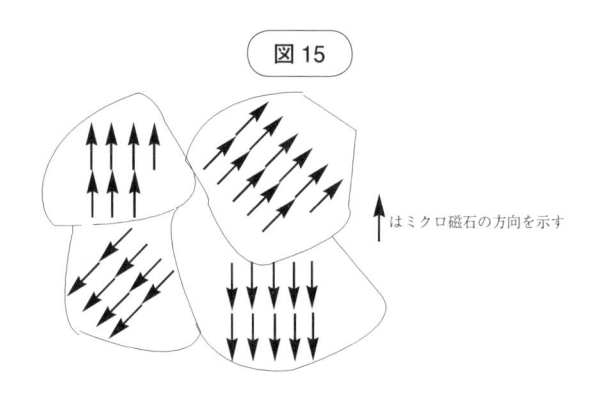

多くのミクロ磁石が同じ向きに並ぶと、磁気的に不安定になる。そこで、鉄の中のミクロ磁石はある程度大きくまとまったものが、図15のようにバラバラの方向を向いている。ここに磁場をかけると、大きなまとまりごとに動くので、極弱い磁場でもミクロ磁石全体が磁場の方向にそろい、大きく磁化されて磁石に強く引き付けられるのである。このような物質を強磁性体という。硫酸銅（Ⅱ）などの場合は、一つ一つのミクロ磁石がバラバラであるため、普通の磁場では、ほんの一部のミクロ磁石しか磁場の方向に向かないので、極わずかしか磁化されないのである。

（5）いろいろな温度で測定できる装置の製作

前に述べたようなミクロ磁石の間に働く相互作用を調べられるには、図1aの装置を改良していろいろな温度で測定できるようにする必要がある。図16はその装置である。液体窒素で冷却して低温でも測定できるようにしたものである。

2　大量の気体を吸蔵する新物質

銅（Ⅱ）塩の磁性を研究しているときに、全く偶然に気体を大量に吸

図16

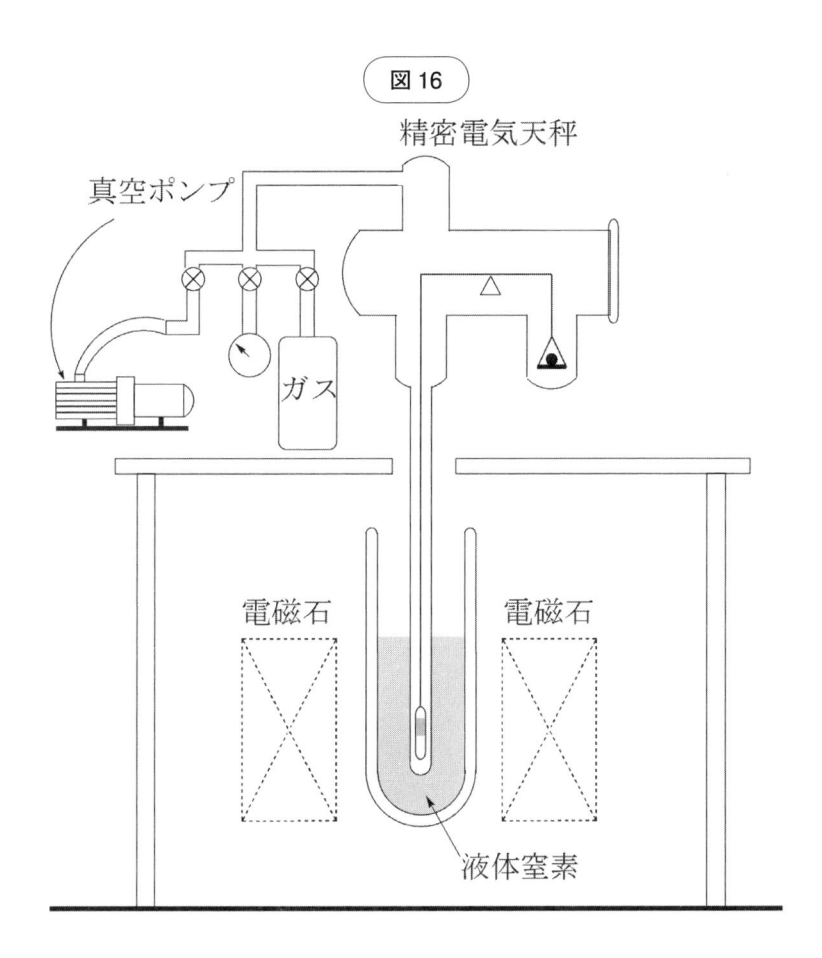

[図：真空ポンプ、ガス、精密電気天秤、電磁石、液体窒素からなる実験装置の概略図]

蔵する新物質を見つけた。その銅(Ⅱ)塩が100gあると、そこに窒素ガス（N_2）や酸素ガス（O_2）が30g近くも吸蔵される。その銅(Ⅱ)塩には細孔が無数にあり、そこに気体分子が取り込まれることがわかった。この新しい細孔物質は、メタンガスや水素ガスなどの気体燃料の貯蔵に利用できるほか、触媒作用のある金属イオンを含んでいるので、触媒としても有用であり、産業のいろいろな分野で今後利用できる。

(1) 新物質の発見

酢酸銅(Ⅱ)で見られた磁気的相互作用の研究を進展させる目的で、

テレフタル酸銅（Ⅱ）（Cu(**OOC**-◯-**COO**)）を合成した。その磁性を測定するために、前述の測定装置（図16）の天秤にこの銅（Ⅱ）塩を吊るした。天秤の中を一旦真空にしたのち、窒素ガスを少し入れた（ここで真空にしたのは、液体窒素で冷やしたときに、空気中の水蒸気や酸素分子がガラスのセルや資料に付着するのを防ぐためであり、窒素ガスを少し入れたのは熱伝導を良くして、試料の温度をすばやくコントロールするためである）。そして、低温での磁性を調べるために、図16のように液体窒素をデュアーびんに入れて冷却した。すると天秤が試料側に傾いて動かなくなってしまった。困りはてて、何が起きたのか見ようとデュアーびんを取りはずした。その瞬間、セルの中のテレフタル酸銅（Ⅱ）が天秤中に飛び散ってしまった。これは大変なことになったと思い、しばらくは呆然と立ちすくんだ。この天秤は100万分の1gまで計ることができる精密電気天秤で、1970年当時250万円もの高価なものであったからである。何が起きたかわからないまま、装置を一つずつ分解して部品を丁寧に掃除し、一週間近くかけて組み立てなおした。幸いにも天秤は無事に動いた。そこで、テレフタル酸銅（Ⅱ）の磁性の測定にもう一度取りかかった。しかし、またも全く同様の結果になり、結局同じ失敗を3回もくりかえした。さすがにこれ以上測定を続ける気にはなれなかった。「一体何が起きたのか？」当時、研究を一緒に進めてきた教授ともう一人の助手のスタッフ三人で頭をかかえた。そのうちに「ひょっとしたら天秤の中に入れた窒素ガスが、テレフタル酸銅（Ⅱ）に取り込まれたのかもしれない」という考えに至った。早速、それを確かめるために、窒素ガスを入れないで測定することにした。すると、冷却するのに、時間がかかったものの、液体窒素温度になっても天秤は正常に動いて、無事磁性の測定ができた。結果は酢酸銅（Ⅱ）とほとんど同じ磁性を示した。テレフタル酸銅（Ⅱ）も二核構造をしていると推定される。磁性を調べることが、はじめの目的であったので、つい磁性が測定できたことに喜んでしまったが、もっと重要な結果は「テレフタル酸銅（Ⅱ）が窒素ガスを吸蔵す

る」という仮説が証明できたことである。

(3) 気体の吸蔵量と吸蔵される場所

窒素ガスがテレフタル酸銅(Ⅱ)に取り込まれることが証明できたので、早速その量を正確に調べることにした。幸い精密天秤を使っているので、その量を測定するのに好都合であった。この天秤は非常に良くできていて、磁性を測定するときに用いた10mgまでの極微少量の変化を測定するためのレンジと、もう少し大きな変化を測定するレンジと目的に応じて切り換えられるようになっている。そこで、100mgまでの変化量を測定できるレンジに切り換えて、試料を液体窒素まで

図 17a

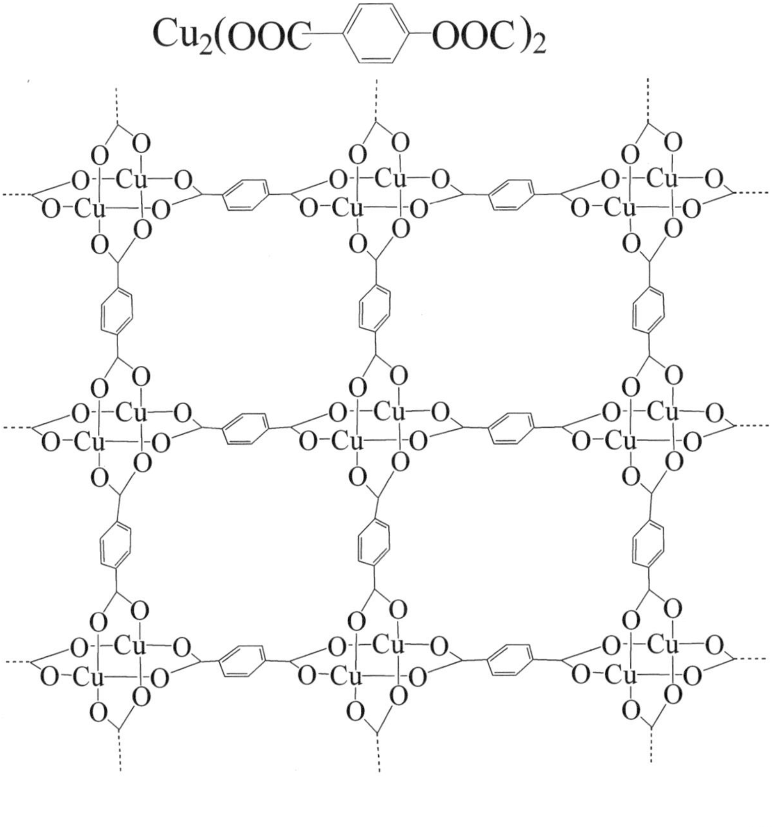

$Cu_2(OOC\text{-}C_6H_4\text{-}OOC)_2$

図 17b

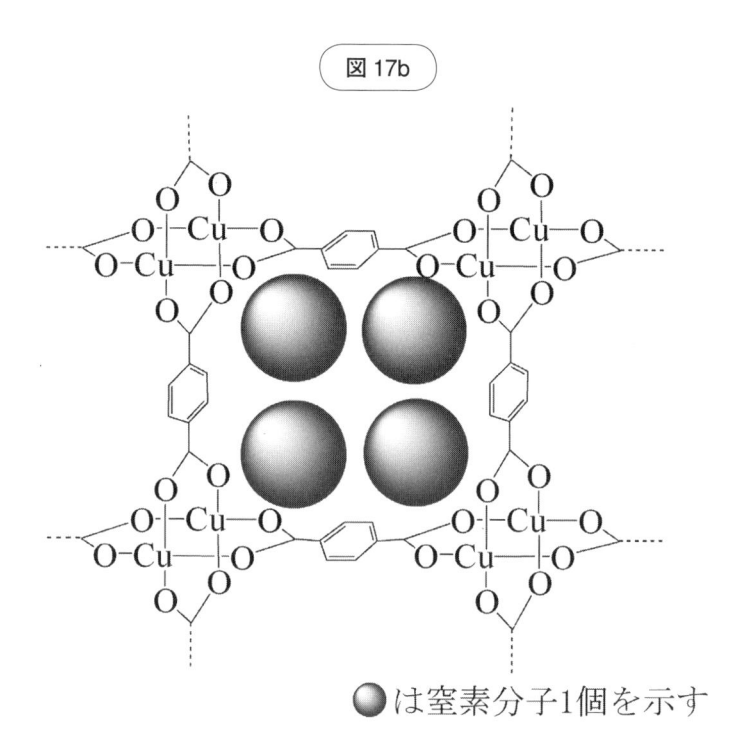

●は窒素分子1個を示す

冷却した。すると、天秤の目盛が急速に上がって行き、20mg 以上も重くなった。用いた試料は約 100mg であったので、20％以上も増加した事になる。これでは、磁性を測定するときのレンジでは、スケールアウトして天秤が動かなくなったのも当然である。このとき、吸蔵された窒素分子の量は、テレフタル酸銅（Ⅱ）の銅（Ⅱ）イオン 1 個当たり、ちょうど 2 分子であった。

　磁性の測定結果から酢酸銅（Ⅱ）と同じ二核構造をしていることがわかったので、テレフタル酸銅（Ⅱ）の構造は図 17a のようになる。この構造にはベンゼン環で囲まれた細孔があり、一つの細孔に 4 個の窒素分子がちょうど入る（図 17b）。これは、実験で得られた銅（Ⅱ）イオン 1 個当たり、2 個の窒素分子が吸蔵されることと一致する。

　磁性の研究の目的でテレフタル酸銅（Ⅱ）を合成したので、テレフタル酸銅（Ⅱ）が細孔をもっていて、そこに多量の窒素ガスを取り込むこ

となど全く考えてもいなかった。テレフタル酸銅(Ⅱ)が気体を取り込むことを見つけた1970年当時の常識からは、全く予想もされなかったことである。しかし、今ではMOF（金属有機構造体）あるいは配位高分子として世界的な広がりを見せている。この新物質は、気体の吸蔵、触媒作用をはじめ有用な機能をもっているので環境問題やエネルギー問題の解決に、さらには食糧問題の解決にも貢献できると思われる。

著者紹介

木原　伸浩（きはら　のぶひろ）

1989 年東京大学大学院工学系研究科博士課程中退、1989 年東京工業大学資源科学研究所助手、1994 年同工学部助手、1997 年日本学術振興会特定国派遣研究員（スイス）、1998 年大阪府立大学工学部講師、助教授を経て 2005 年から神奈川大学理学部教授

専門は有機化学、生物有機化学、高分子化学

主な著書：「よくわかる有機化学の基本と仕組み」秀和システム（2006）

主な論文：Bridged Polycatenane, Macromolecules, 2004, 37, 6663. Oxidative Degradation of Poly（isophthaloylhydrazine-1,2-diyl）s, J. Polym. Sci., Part A: Polym. Chem., 2008, 46, 6255. Quantitative Active Transport in [2] Rotaxane Using a One-Shot Acylation Reaction toward the Linear Molecular Motor, J. Org. Chem., 2008, 73, 9245-9250.

天野　力（あまの　ちから）

1946 年千葉県生まれ。1970 年東京大学理学部化学科卒業。1974 年東京大学大学院理学研究科化学専攻中退。理学博士。神奈川大学理学部教授。専攻　物理化学（クラスターとナノ粒子）、分析化学（ESR）。

主な著書に、「化学の扉」（共著、朝倉書店、2000）、「化学Ｉｂ」（共著、三省堂、1994）、「分析化学の進歩」（共著、廣川書店、1983）など。

川本　達也（かわもと　たつや）

1959 年広島県生まれ。1982 年東京農工大学工学部卒業。1988 年筑波大学大学院博士課程化学研究科修了。理学博士。現在、神奈川大学理学部教授。専攻　無機化学、錯体化学。

平田　善則（ひらた よしのり）

1950年千葉県生まれ。1972年東京工業大学理学部化学科卒業、1977年同大学院理工学研究科博士課程修了。理学博士。1977年米国ミシガン州のウエイン州立大学化学科博士研究員、1980年大阪大学基礎工学部助手、助教授を経て2000年4月から神奈川大学理学部教授。
主な著書に、岩波講座 現代化学への入門6『化学反応』（共著、岩波 2007年）
"Photoindeuced Electron Transfer, Electron Photoejection and Related Phenomena in Solutions—Femtosecond～Nanosecond Laser Photolysis Studies" in Advances in Multi-Photon Processes and Spectroscopy Vol. 5（共著, World Scientific 1989）

森　和亮（もり　わすけ）

1941年愛知県生まれ。1964年名古屋大学理学部卒業。1968年同大学大学院理学研究科博士課程中退。同年大阪大学教養部助手。同講師、同助教授、理学部助教授を経て、1996年より神奈川大学理学部教授。専攻　磁気化学、錯体化学。
主な著書 「分離技術ハンドブック」分離技術会編　分離技術会、「新高分子実験講座9、高分子の物性（2）」高分子学会編　共立出版、「第5版実験化学講座22、金属錯体、遷移クラスター」日本化学会編　丸善。

神奈川大学入門テキストシリーズ
化学の魅力 II——大学で何を学ぶか

2010年7月25日　第1版第1刷発行

編　者——学校法人神奈川大学 ©
著　者——木原伸浩・天野力・川本達也・平田善則・森和亮
発行者——橋本盛作
発行所——株式会社御茶の水書房
　〒113-0033　東京都文京区本郷5-30-20
　電話　03-5684-0751
　Fax　03-5684-0753
印刷・製本——（株）シナノ
Printed in Japan
ISBN978-4-275-00891-6 C1043

神奈川大学入門テキストシリーズのご案内

田中　弘著 会　社　を　読　む ―会計数値が語る会社の実像― A5判／70頁／900円／2002年	㊗会社の七不思議　①会社は収益性の高い事業をしているか　②会社は成長しているか　③会社への投資は安全か　④会社は社会に貢献しているか　⑤企業集団はどのように分析するか。
川田　昇著 民　法　序　説 A5判／60頁／900円／2002年	①法律学とのつきあい方　②はじめに認識しておいて欲しいこと　③法学部教育の目標　④紛争解決案を導く手順　⑤民法の勉強の進め方　⑥民法の規律の仕方。
村上　順著 自　治　体　法　学 A5判／58頁／900円／2002年	自分たちが住む自治体は、自分たちでよくしていく努力が必要です。監視と参加の住民自治は地方分権推進法が制定され大きな流れとなっています。高校生にもわかる自治体法学書。
中田信哉著 三　つ　の　流　通　革　命 A5判／64頁／900円／2002年	「革新型小売業」と呼ばれる新しいタイプの小売店が戦後わが国の「流通機構」と呼ばれる社会システムをどう変えてきたのか、三つの段階に分けて日本の流通改革を考える。
中野宏一・三村眞人著 わ か り や す い 貿 易 実 務 A5判／84頁／900円／2002年	第1篇貿易マーケティング　①商品の製造・発掘　②商品の販売ルート　③商品のコストと価格　④商品のプロモーション／第2篇貿易取引の仕組みと手続き　①輸出取引　②輸入取引
齊藤　実著 宅　配　便　の　秘　密 A5判／64頁／900円／2002年	なぜ、深刻な不況にもかかわらず成長を続けることができるのか。成長のエネルギーは何か。宅配便のしたたかな経営戦略を探る。
後藤　晃著 グ ロ ー バ ル 化 と 世 界 ―ワールドカップを通して見た世界― A5判／64頁／900円／2002年	2002年ワールドカップが日本と韓国で開催された。これらの参加国を通して、グローバル化とはどう言う事なのか。人口・食糧問題と貧困はどう関係するのかなどわかりやすく解説。
橋本　侃・伊藤克敏著 英 文 学 と 英 語 学 の 世 界 A5判／68頁／900円／2003年	「こういう人が英文学に向いている」「英文学の大きな流れ」「英国の歴史と英語の成り立ち」「米国の歴史とアメリカ英語の成立と特徴」「黒人英語の起源」等、英文学科への誘い。
桜井邦朋著 気候温暖化の原因は何か ――太陽コロナに包まれた地球―― A5判／64頁／900円／2003年	気候温暖化の原因について、太陽活動の長期変動との関わりの面から、どのような可能性があるかを、宇宙空間の中の地球という視点から、研究の現状をやさしく解説する入門テキスト。

御茶の水書房刊（価格は税抜き）

秋山憲治著 経済のグローバル化と日本 A5判／56頁／900円／2003年	グローバリゼーションとは何か、どう捉えるのか!! 1990年代に入って急速に進展した経済のグローバル化を検討し、日本経済にどのような影響、変化をもたらしたのかを考える入門書。
鈴木芳徳著 金融・証券ビッグバン —金融・証券改革のゆくえ— A5判／58頁／900円／2004年	市場の時代の到来は銀行・証券・保険など業界の境界線を見えにくくしている。その中で「自己責任」が強く主張されているが、市場の時代における自由とルールの関係を考える入門書。
的場昭弘著 近代と反近代との相克 —社会思想史入門— A5判／58頁／900円／2006年	世界がアメリカ的な消費生活を模範とすれば、地球上の資源は枯渇し、さまざまな自然災害を引き起こす。利己心による物的生活の上昇ではない、ポスト現代の社会の生き方を考える。
柳田 仁著 パン屋さんから学ぶ会計 —簿記・原価計算から会計ビッグバンまで— A5判／64頁／900円／2006年	あるパン屋さんで生じた具体的な日常の事象を物語風にし、その開業から営業活動・決算等を通じて会計の基本メニューを勉強する。更に、最近の会計大変革についてもやさしく解説する。
山口建治・彭 国躍・松村文芳・加藤宏紀著 中国語を学ぶ魅力 A5判／66頁／900円／2008年	中国を正しく認識することは日本の未来に関わる重要な課題である。中国を知り学ぶことの意味と醍醐味を若い人々に伝えるべく、中国の言葉とその文化を学ぶ魅力を解りやすく解説する。
松本正勝・杉谷嘉則・西本右子・加部義夫・大石不二夫著 化学の魅力 ——大学で何を学ぶか A5判／88頁／900円／2010年	神奈川大学理学部化学科は創設20周年を迎える。そこで新入生を対象としたテキストを企画した。その目的は化学の魅力を広く伝え化学の広範な広がりを知ってもらおうとするものである。
山火正則著 刑法を学ぼうとしている人々へ A5判／62頁／900円／2010年	刑罰とは何か—何ゆえに人を処罰することができるのかなどという原理的な問題にも思いをめぐらすことが、大学で学ぶ解釈論に確かな方向性を与え、その学びをより豊かなものにする。